纺织服装高等教育“十二五”部委级规划教材

服装设计教程

王学 主编

東華大學出版社

内容简介

本书系统的讲解了服装设计基础知识、服装设计方法、服装与人体的关系、服装结构变化、服装细节设计和设计实践案例全程分析七个模块的内容，是一本实用性很强的专业教科书，主要具备两大特点：一是运用简洁、浅显的文字和大量的图片对专业知识和设计实践进行讲解，可读性强，易记易用；二是根据当下社会对于专业人才的需求，教师对于实用性强、案例丰富的教材的需求，学生对于深入浅出、趣味性强、案例分析实用的教科书的需求，本书将每一章节的学习重点、难点提炼出来，并在每一章设计出特色板块——大篇幅、图文并茂的深入解读大师的经典作品，品评优秀学生设计作业的优缺点，有问有答的详解专题设计实训。

图书在版编目（CIP）数据

服装设计教程 / 王学主编. —上海：

东华大学出版社，2012.10

ISBN 978-7-5669-0151-4

Ⅰ.①服… Ⅱ.①王… Ⅲ①服装设计-高等学校教材-教材

Ⅳ.①TS941.2

中国版本图书馆CIP数据核字（2012）第241561号

责任编辑：马文娟

封面设计：李 博

版式设计：悦天书籍装帧 13918406168

出版：东华大学出版社（上海市延安西路1882号，200051）

本社网址：http://www.dhupress.net

淘宝书店：http://dhupress.taobao.com

营销中心：021-62193056 62373056 62379558

印 刷：上海市崇明县裕安印刷厂

开 本：889mm×1194mm 1/16 印张 9.75

字 数：343千字

版 次：2013年1月第1版

印 次：2015年8月第2次印刷

书 号：ISBN 978-7-5669-0151-4/TS·351

定 价：29.80元

前　言

《服装设计教程》系统讲述了服装设计的各个环节，例如：服装设计的概念和历史、服装与人体的关系、服装轮廓结构的特性和演变、服装设计基本方法和服装细节设计等等。本书重新确立了服装与人体的关系在服装设计中的重要地位，详细的讲述了人体骨骼、肌肉和皮肤、毛发的颜色以及人体静动态语言等方面对服装的影响；从人体与服装的关系角度创新性的整理总结出了服装的空间种类特点和服装轮廓结构的演变过程，提出了无定形服装、服装的二维平面性和服装的三维立体性的概念，并通过实际案例分析了视错觉在此类型服装设计中的重要作用；创新性的提出了内、外造型观念，并从内、外造型角度通过大量著名设计师经典案例和学生优秀设计作品系统详细的讲解了服装设计的基本方法；细节设计也是服装设计的重要组成部分，本书分门别类的从应用角度介绍了服装的领型设计、袖型设计和口袋设计，还将容易被忽视的腰线设计、闭合方式设计和装饰细节设计独立成章节，一一详解；设计过程的全程描述和分析对于学习者来说是难得的体验和学习机会，本书精挑细选了部分学生的优秀系列设计作品作为分析案例，从灵感源获取、分析和相关产品的市场调研，到流行趋势信息的整理和运用，到设计草图的绘制，再到面料（包括质感肌理、图案、印染等）、服装整理工艺和外围附属品（包括标牌、包装袋等）等的细节设计，直至系列设计作品方案的完成，以图片和文字分析形式形象生动地破解设计的整个过程。

本书的编写主要是提供给艺术类高校或者综合类高校艺术学科的服装设计专业本科生学习研究使用，也可以供一般服装设计爱好者阅览。本书是多所高校教学和科研成果的结晶集合，所有内容都是建立在多年的教学实践与科学研究成果之上的，参编人员均为各高校服装设计专业的专家学者和骨干教师，所以本书具有较强的实用性和广泛的适用性。参加本书各章编写的有：王学、杨丽娜、阎维远、郝小红和毛恩迪。

本书在编写过程中参阅、借鉴和引用了很多专家、学者和同行的观点，很多在读的学生为本书提供了大量的优秀设计作品作为例证，编写组成员在此表示最诚挚的谢意！

由于编者水平所限，书中会有很多不妥、不足之处，恳请专家学者和广大的读者批评指正。

编写组

2012年6月

目　录

1 服装设计概述

自古以来，人们就用各种材料制作护身的服装，而我们今天所说的服装设计，仅仅产生于18世纪中叶欧洲的产业革命，至今只有二百多年的时间。在这之前，所有的手工艺是没有单独的设计意识的，过去缝制服装的裁缝，其实是集设计、裁剪、缝制于一身的手工业者，而真正意义上的服装设计，直至19世纪中叶才诞生。

第一节 服装设计简史

一、服装设计的由来与时代背景

在农耕经济时代，生产力低下，交通和通讯业不发达，变化发展十分缓慢，大约一种服装款式可以延续上百年的时间。那时候，有钱人是雇佣裁缝到家里量体裁衣，欧洲古代的达官贵人、宫廷贵妇所穿的服装都是聘用专门的裁缝在家里为其缝制，并且按照雇主的要求制作，而普通人都是自家缝制，其手艺也是主妇们代代相传。

18世纪，源于英国的产业革命波及了整个欧洲和美洲，对于人类来说，这是一场伟大的变革，它结束了漫长的手工业生产阶段，使人类社会跨入机械工业生产阶段，从而带动了整个社会的经济、文化、艺术的腾飞，正是在产业革命之后诞生了真正意义的设计概念。

19世纪中叶，一位年轻的英国裁缝到法国巴黎开了一家裁缝店，专门为中产阶级及达官贵人缝制服装，他还事先设计好样衣，供顾客从中选择，这位裁缝就是被人们称为“时装之父”的查尔斯·弗雷德里克·沃斯（Charles Frederick Worth，1826~1895）。他是世界上最早把裁缝工作从宫廷、豪宅搬到社会并自行设计和营销的人，也是集设计、裁缝、缝制于一身，多才多艺的设计师。从查尔斯·弗雷德里克·沃斯开始，服装进入了由设计师主宰流行的新时代。服装设计的发展趋势也与世界战争、社会变革、艺术交流、文艺思潮等等社会背景紧密相连（图1–1，图1–2）。

19世纪的沃斯时代，欧洲产业革命进入尾声，法国已拥有75万台动力织机，飞速发展的纺织业以机械化大生产的方式，快速生产品质优良的布匹。推动了纺织与服装经济的快速发展，同时也为查尔斯·弗雷德里克·沃斯提供了一个良好的发展空间，让更多人认识了这位设计师。促使人们不远万里来到巴黎，整箱购买他的服装，使查尔斯·弗雷德里克·沃斯的事业达到了顶峰。虽然他的设计并没有脱离古典主义轨道，但是我们不难看出，服装设计的发展与科学技术的推进、社会经济的变化等时代背景有着不可分割的联系。

20世纪初期，一支俄罗斯芭蕾舞团为巴黎带去了阿拉伯风格的舞蹈《泪泉》，具有异国情调宽松舒适的服饰风格吸引并震撼了当时的法国服装设计师们，他们毅然决然地让妇女抛弃了延续使用三百多年的紧身胸衣，吸收东方民族的服饰特色，破天荒地开创了东西方服饰艺术相结合的设计新思路。

20世纪的两次世界大战掀起了风云变幻的政治运动，欧洲女权运动的兴起、女子教育的普及，使她们摆脱了做男人花瓶的羁绊，史无前例地离开家门走向社会。这些社会变革，都在客观上加速了女装设计的现代化进程。设计师们一反传统美学的既定价值，结束了上千年拖地长裙的女装历史，取而代之的是简洁、朴实、舒适的服装造型（图1–3）。

服装设计的诞生成为女装现代化的催化剂，尽管女装比男装的现代化发展晚了将近一个世纪，但自从有了 “设计” 这一概念，从裁缝中分流出的“设计师”便得以迅速成长，女装现代化的脚步再也无法阻挡，其变化的速度大大超过了早已进化为现代化的男装。

图1–1

图1–2

图1–3

图1–1　查尔斯·弗雷德里克·沃斯作品

图1–2　查尔斯·弗雷德里克·沃斯作品

图1–3　选自《保罗·波莱特设计集》为1900~1924年期间的服装，色彩绚丽是这一时期服装的特征，单薄的束腰长裙外衣有着直筒状的外形轮廓，人物头上的古典束带与服装形成了完整的呼应

第二节　何谓服装设计

一、服装设计的概念

服装设计是一种以追求实用美为目标，以人体为对象，以材料为基础，以各种机能相结合，运用一定的表现技法完成造型，塑造出人体美的创造行为。服装设计作为一门综合性的交叉学科，是以服装材料为素材，以服装为对象，借助一定的审美法则，运用恰当的设计语言，对人体进行包裹和打扮，完成整个着装状态的创造过程。由于人文思潮、时尚内容和法律道德等社会因素对服装的限定，不同历史时期服装设计的手法与内容也不尽一致。

二、服装设计的内容

服装是一门综合性的艺术，体现了材质、款式、色彩、结构和制作工艺等多方面的整体美。从设计的角度讲，款式、色彩、面料是服装设计过程中必须考虑的几项重要因素，称为服装设计的三大构成要素。服装设计内容主要包括服装的造型设计、色彩设计和面料设计等方面。

1. 款式设计

服装款式设计亦称服装造型设计，也叫服装样式，其中包括外轮廓结构设计、内部结构设计和细节设计三大类。一件服装是否实用、美观在很大程度上与服装款式密切相关，而服装款式首先与人体结构的外形特点、活动功能有关，同时又受到穿着对象与时间、地点、环境等因素的制约，因而在进行服装款式设计时需要做全盘细致的考虑。

外轮廓结构设计是指服装的外轮廓，是决定服装造型的主要特征，有多种分类命名方式，如以几何造型命名、以字母命名、以具体事物命名、以专业术语命名等。在确定服装外轮廓时，要注意其比例造型是否和谐、美观（图1–4，图1–5）。

服装内部结构设计主要是指服装外轮廓线以内的分割线，这些线条按其功能可分为结构线条和装饰线条，在设计中要遵循一定的形式美法则，使其分布合理、协调。服装细节设计又称服装零部件设计，一般包括领型、袖型、口袋、纽扣、腰带以及其他附件。在进行服装细节设计时，要考虑其布局的合理性，既要完成服装零部件的功能性要求，也要符合服装审美的协调性（图1–6）。

图1–4　图1–5　图1–6

图1–4 法国 浪凡LANVIN，此款服装上身适体，腰部收紧，衣摆呈喇叭形舒展的外形轮廓，强调胸、腰部线条，此款上衣设计为典型的X型，服装整体感觉优雅中隐藏干练，简约而不简单，具有强烈的时尚气息

图1–5 学生作业 作者王洪莉 以具体事物命名的设计，以喇叭花形作为服装廓形设计的主要灵感来源

图1–6 学生作业 作者于洋洋 此课题设计为服装内部结构线及装饰线的运用和设计

2. 色彩

服装给人的第一印象往往是色彩，在日常生活中，人们往往首先根据服装色彩及配色来决定整个服装的优劣，因此服装色彩在服装美感因素中占有很大的比重。服装中的色彩因素在影响人们视觉、知觉

还是在控制人们情绪上，都有明显的作用。不同的色彩及相互间的搭配能够使人产生不同的心理感受，从而引起不同的情绪及联想，而且色彩本身就具有强烈的性格特征，具有表达各种感情的作用，服装的色彩美感又与时代、社会、环境、文化等密切联系（图1–7）。所以在设计服装时，不仅要仔细研究色彩理论，更重要的是要对时尚、流行、文化等诸多因素熟悉了解，只有这样才能够准确把握时代脉搏，创作出更好的服装设计作品。

另外，服装图案也是色彩变化和搭配设计时需要重点考虑的元素，不同的图案、不同的表现手法都体现了不同的风格及内涵，这也是需要在设计中仔细推敲的内容。

3. 面料

面料是服装最基本的物质基础，无论是款式还是色彩都不能脱离服装面料而单独存在。服装实用性和艺术性的发挥，都需要通过服装材料体现出来，因此，当今社会的服装对面料质量，尤其是对其外观的要求越来越讲究。随着技术的发展，服装面料的花色品种越来越丰富，这为服装设计的发展提供了良好的物质条件。面料的疏密、厚薄、软硬、光度、挺度、手感、弹性不同，制作成型的服装在风格、造型上也有所不同。服装材料具有各自的外观美及特有的肌理效果，因此设计服装时，不仅要考虑面料本身的实用特性，还要从面料的美感特征出发，使服装的实用性与审美性相结合，从而全面提升服装的品质。同时，为了达到更加新颖的设计，面料的二次设计及应用在现代服装设计中越来越受到重视。（图1–8~图1–12）

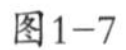

图1–7

图1–8

图1–9

图1–7　此款服装的蓝色不仅诠释了雪纺面料的生命力而且多种蓝色的组合让服装更具层次感和空间感，服装整体效果给人清新、自然、洒脱的感受

图1–8　作品在面料的设计上较有创意，服装主面料采用镂空的设计手法，胸前的金属搭配增强了服装的整体效果，内衣外穿的设计和夸张的发饰让整套服装更具个性

图1–9　品牌SARLI COUTURE 柔软飘逸的的面料加上若隐若现的几何线条使服装更具妩媚性感

图1-10

图1-11

图1-12

图1-10 学生作业 作者：李丹文 根据面料特征进行面料的二次设计及服装款式设计
图1-11 学生作业 作者：李丹文 面料的二次设计
图1-12 学生作业 作者：王丽 根据面料特征进行时装创意设计

第三节 服装设计大师

服装设计是一个让很多服装爱好者都迷恋的职业。的确，一个成功的服装设计师不仅能得到丰厚的物质回报，同时也会被受到关注和尊敬。但是所谓“台前一分钟，台后十年功”，光彩的背后需要付出巨大的努力和奋斗，想成为一名优秀的服装设计师，必须具备多方面的素质和条件。

一、服装设计师的基本条件

1. 基本素质

作为一名服装设计师应该具备一定的专业素质，这些素质包括敏锐的感知力、丰富的想象力和精湛的艺术表达能力等。服装设计不是制作或复制平庸的产品，设计师必须对生活各类的事物有着浓厚的兴趣和敏锐的感受力，需要不断创造出独具魅力的形态和精神内涵。所以作为一名服装设计师首先要热爱生活、热爱艺术、把握流行；其次，要有扎实的的理论基础和实践能力，能对普通的面料、辅料有着自己独特的理解和欣赏能力，对色彩的运用有一定的见解，要有敢为人先的时尚理念；再次，要有深厚的造型能力，不仅能设计唯美、个性时尚化的服装款式同时又具有将服装平面效果图转化成立体化、现实化的成品，这就意味着服装设计师要对服装结构有着深刻的把握和体会；最后，要具有丰富的市场经验，了解服装行业设计、生产及销售流程，及时掌握相关竞争品牌及服装市场销售动态。

2. 广博的知识

服装设计师应该具备广博的知识及合理的知识结构，广博的知识能激发设计师们无穷的创造力。因此广泛的艺术修养对于服装设计就显得至关重要。曾被誉为“时装之王”的法国高级时装设计大师克里斯汀·迪奥就是具备了建筑、绘画、音乐等多方面的知识的一位时装界的巨匠。因此服装设计师在具备专业内的知识结构的同时还需要充实专业以外的知识结构。有了广博的知识储备，才可以深层次地理解和把握设计对象的要求并增加设计的价值含量。

二、服装设计大师简介

了解和学习服装设计大师有助于激发学习者的兴趣和产生强烈的好奇心，因为设计是创造过程，在某种意义上实际是一种在头脑中进行样式选择的过程，设计是一种创造而不是发明。服装设计更是如此，因为服装的变迁过程是连续的、不间断的，每一种服装风格每一位设计师都能体现着一个时代的特征与文化背景，前无古人后无来者的设计师不存在的，因此设计必须虚心地学习和研究前人的成就和经验，这样在今后的设计过程中才会有自己的见解和主张。

1. 查理·沃斯（CHARLES WORTH）

查理·沃斯1826年生于英国林肯郡，12岁时沃斯为生活前往巴黎，销售高级丝绸及开司米成衣，并倾力于布料方面的研究。

沃斯是第一位在欧洲出售设计图给服装厂商的设计师，也是服装界第一位开设时装沙龙的人，更是时装表演的始祖。沃斯最伟大的成就是他将服装高级化。在布料的使用方面，沃斯是公主线时装的发明者，也是西式套装的创始人。他喜欢在衣身上装饰精细的褶边、蝴蝶结、花边，在肩上垂挂皇家金饰，以及使用可折叠的钢架裙襟（图1-13~图1-15）。

图1-13　查理·沃斯（CHARLES WORTH）典型服装作品之一——公主线的发明及运用，衣身装饰精细的褶边、蝴蝶结、花边，在裙摆后部设计可折叠的钢架裙撑

图1-14　细褶的运用与设计

图1-15　细褶的运用与设计

2. 克里斯汀·迪奥（CHRISTIAN DIOR）

迪奥1905年生于法国格兰威尔一个富有的家庭中，他是个天生的设计师，他对于剪裁、缝纫等一窍不通，却对比例极为敏感。40岁前的迪奥为别的设计师设计服装，直到1945年，才开始经营自己的事业，从此CHRISTIAN DIOR名声响彻整个时装领域，他的设计影响了世界的时装业。

1953年，迪奥创造出强调女性胸部及腰部线条的设计，称为“TULIP LINE”。1954年推出的“H LINE”表现宽松的直线条，1955年又推出“Y LINE”和“A LINE”。1955年，由于迪奥的杰出设计和卓越成就，被美国授予“雷门奖”，这是第一位荣获此殊荣的法国设计师。

1957年，迪奥因心脏病逝世。公司由其助手领导，继续经营。由迪奥培养出来的设计师皮尔·卡丹和伊芙·圣罗兰，也已是国际上最具知名度的设计大师。迪奥的名声依旧，他是世界时装界的巨人，他的品牌仍然引领当今时装的潮流，在时装界继续着他的辉煌（图1-16~图1-20）。

图1-16 克里斯汀·迪奥（CHRISTIAN DIOR）时装

图1-17 克里斯汀·迪奥（CHRISTIAN DIOR）1948年作品

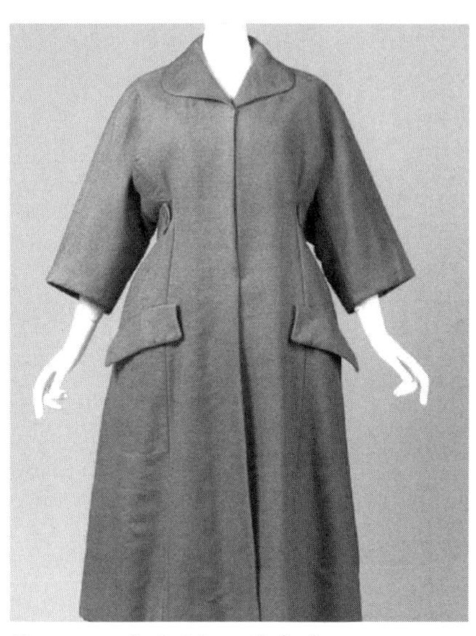

图1-18 克里斯汀·迪奥（CHRISTIAN DIOR）1953年作品

图1-19 克里斯汀·迪奥（CHRISTIAN DIOR）2010年时装作品

图1-20 克里斯汀·迪奥（CHRISTIAN DIOR）2010年时装作品

3. 夏奈尔（CHANEL）

夏奈尔1883年生于法国中南部。20岁时，她和丈夫开设了一家女帽店，自己设计制作女帽，后来在巴黎建立了一家著名的时装沙龙。

1914年，夏奈尔用男人的套头衫和水手装，设计制作了女性水兵服的套头上衣，从此，她开始为顾客制作夏奈尔风格的上衣及套头衫。

1920年，夏奈尔凭借其简洁、流畅、实用性强等特征的设计作品，在巴黎时装展中大放光彩。

1922年，著名的CHANEL NO.5香水问世。她相信5是她的幸运数字，果然，这种香水一经推出就受到世界的瞩目。

在夏奈尔五十年的时装设计生涯中，创作出喇叭裤、对襟滚边上衣、蝴蝶结衫、水兵服等诸多有影响力的服装作品。1971年2月，夏奈尔逝世（图1-21 ~图1-24）。

图1-21

图1-22

图1-23

图1-24

图1-21　夏奈尔（CHANEL）1936年设计的晚礼套服，选用色调柔和的象牙白，面料为轻盈的薄纱真丝和精致的蕾丝花边
图1-22　夏奈尔（CHANEL）1938年设计的晚礼服，黑色丝绸上镶嵌闪光装饰片，优雅、精致、华丽
图1-23　夏奈尔（CHANEL）1958年设计的经典斜纹软呢套装，利落的线条、精准的结构及丽致的滚边工艺延续夏奈尔最经典的时尚精神
图1-24　夏奈尔（CHANEL）2012年春夏系列

4. 吉恩・兰纹（JEANNE LANVIN）

兰纹1867年生于法国的布列塔尼。1890年，年仅23岁的兰纹开始自营一间帽子店，其间，她为女儿设计的衣服深受好评，成为许多顾客效仿的对象。随着女儿的成长，她开始设计少女装和礼服。最后，终于在福宾（FAUBOURG）街成立了“浪漫屋”。她偏爱在素色的布料上，通过刺绣技巧表现各种主题，发挥装饰效果。在她的设计作品中，带有18、19世纪风格和极具异国情调的礼服令人回味。

1946年7月，兰纹在巴黎逝世，享年79岁。“浪漫屋”在其家族的统辖下继续经营。作为世界上最先拥有自己香水的设计师之一，兰纹的“浪漫屋”成为了世界最具权威的香水屋之一（图1-25，图1-26）。

5. 姜・巴度（JEAN PATOU）

姜・巴度生于1887年，是西班牙裔法国人。他在父亲的皮革厂当了几年学徒后，兴趣逐渐转向服装界。

1914年，巴度开设了一家服装沙龙名为“PARTY”。不久，第一次世界大战爆发，巴度赴战场服役四年。大战结束后，他以“姜・巴度”之名在巴黎圣佛伦坦街开设服装屋，并于当年八月举办了第一次

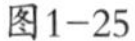

图1-26

图1-25 吉恩·兰纹（JEANNE LANVIN）1939年设计的晚礼裙，新颖、前卫，具有金属光泽的深灰色平纹皱丝搭配闪光装饰和粉色玻璃粉

图1-26 吉恩·兰纹（JEANNE LANVIN）1924年作品“袍式”（Robe de style），兰纹最出名的革新作品，灵感来源于18世纪的巴尼尔裙，采用象牙白和黑色丝绸搭配，粉黑玫瑰标志做装饰图案

盛况空前的时装发表会。

姜·巴度的设计高贵典雅、简单大方，因此受到美国人的喜爱。1921年，他在正式发表会前邀请了新闻界人士预先观赏，从此以后，时装界款待新闻界的预展便成为推动时尚的惯例。

自1922年开始，巴度成为妇女时装界流行的领导者，他成为第一个拥有专属色彩和布料的设计师。巴度每一季都推出一种色彩，命名为巴度蓝、巴度绿……主导当季的流行色。他的香水有“AMOOR AMOOR”、“JOY”、“1000”等，至今仍是世界时尚的象征。1936年，巴度逝世，年仅49岁（图1-27，图1-28）。

图1-27

图1-28

图1-27 姜·巴度（JEAN PATOU）1931作品，披风裙采用象牙白中国丝绸搭配五彩缤纷花朵图案

图1-28 姜·巴度（JEAN PATOU）Day Suit，1937年作品

6. 乔治·阿玛尼（GIORGIO ARMANI）

1934年7月11日，乔治·阿玛尼出生于意大利北部的皮亚琴察。1957年，从军队退伍的他在百货公司“La Rinascente”担当橱窗设计师。1961年，他加盟著名的时尚设计公司Nino Cerruti，成为意大利时装之父尼诺·切瑞蒂的助手，开始在时装界崭露头角。

1975年，他在好友赛尔吉·加莱奥蒂的鼓励下以GIORGIO ARMANI为名创立了属于自己的男装品牌，从此开创了一段令时尚界啧啧称奇的神话。

“随意优雅”是阿玛尼自创建以来一直寻求的风格。乔治·阿玛尼认为，设计是表达自我感受和情绪的一种方式；是对至美追求的最佳阐释；是对舒适和奢侈、现实与理想的一种永恒挑战。时至今日，阿玛尼已不仅仅是印有黑底白字的时装，它代表了一种生活方式，是一种奔放与活力的象征，将男性与女性的华丽、性感、恬逸与创造性演绎到了极致（图1–29，图1–30）。

图1–29　乔治·阿玛尼经典设计

图1–30　乔治·阿玛尼经典设计

7. 依芙·圣罗兰（YVES SAINT LAURENT）

依芙·圣罗兰1936年出生于北非的阿尔及利亚。从小就对服装与搭配有着自己独特的见解。19岁的圣罗兰被迪奥公司聘为设计师，在当时迪奥公司出品的时装中，有三分之一是圣罗兰的设计作品。1957年，迪奥逝世后，圣罗兰被该公司选任为领导人。圣罗兰根据迪奥的理念，利用A型线条设计出装饰有蝴蝶结的及膝时装，因此一炮而红，被誉为克里斯汀·迪奥二世。

1962年，圣罗兰举办了自己创业后的第一次发布会，获得成功。巴黎报纸将其誉为与纪梵希、巴兰夏加齐名的设计师。圣罗兰是位重视品质的设计师，因此只要产品打上YSL字样，都是品质的保证与象征。圣罗兰说：“创造美丽是我的生命。”他的作品设计独特，代表流行（图1–31，图1–32）。

8. 纪梵希（GIVENCHY）

纪梵希1927年生于法国的比奥尔斯，他对艺术设计和色彩的理解有着超于常人的感悟力。对时装的狂热驱使年轻的纪梵希走上时装设计的道路。17岁时，他受到费斯的赏识，被聘为费斯的助理设计师，后来又为几家服装名店担任过设计师。25岁时，在好友的资助下开设了自己的服装沙龙，并在当年的冬

图1-31 依芙·圣罗兰设计手绘稿

图1-32 依芙·圣罗兰1980春夏作品

季发布了自己的首次新装展示，展示会被誉为有史以来最壮观、最值得一看的展示会，许多典雅的、华丽的珠饰被巧妙的运用，令人应接不暇。纪梵希的设计简单明快，富有现代气息。高贵典雅的设计理念堪称经典之作。后来，他为著名影后奥黛丽赫本设计的服装也获得了业内外的高度赞誉（图1-33~图1-35）。

图1-33 纪梵希现代女装

图1-34 纪梵希现代女装

图1-35 纪梵希现代女装

9. 约翰·加利亚诺（JOHN GALLIANO）

约翰·加利亚诺1960年出生于直布罗陀。他以优等生的资格毕业于伦敦的圣马丁艺术学院。他是一位浪漫主义大师，是现在少数几个首先将时装看作艺术，其次才是商业的设计师之一。加利亚诺的设计激情四溢，使得媒体和观众一致对这位时装界的天才发出惊叹。1984年，根据法国大革命得到的灵感，他设计了八件套的时装展示会，并很快引起了商家的注目。第二年，他第一次的天桥时装展示会命名为“Afghanistan repudiates Western ideals”，证实了他是一位冉冉升起的怪才。

图1-36 约翰·加里亚诺作品

图1-37 约翰·加里亚诺作品

图1-38 采用平纹丝绸面料，创作于1987年

1991年，GALLIANO来到巴黎，迫于经济压力，不得不设计浮华、重复以往理念的时装作品。

1994年，他终于找到了一位支持者并决定脱离不稳定的经济赞助， 他逐渐成为了巴黎时装界的宠儿。1995年，加利亚诺被纪梵希聘用为设计师，1997年他又接掌了Christian Dior首席设计师的职位，成为LVMH时装王国皇冠上面的宝石（图1-36，图1-37 ）。

10. 克利斯汀·拉夸（CHRISTIAN LACROIX）

克利斯汀·拉夸，1951年出生于法国南部边城。21岁的他到巴黎一边学艺术史，一边学服装画，毕业后进入博物馆工作，偶然经朋友介绍，进入名牌HCRMES从事饰品设计，走上设计师道路。

1982年，克利斯汀·拉夸第一次发布服装秀，立刻为时装界带来一股清新之风。1999年，巴黎时装周上，拉夸设计的火焰系列——气势磅礴的晚礼服、18世纪风格的短上衣、绢网芭蕾短裙，给这次时装周带来一抹明亮缤纷的色彩。针对人们普遍认为时装业利润丰厚、天才云集的观点，克利斯汀·拉夸说:“时装是一种艺术，而成衣才是一种产业；时装是一种文化概念，而成衣是一种商业范畴；时装的意义在于刻画观念和意境，成衣则着重销售利润。”

欣赏克利斯汀·拉夸的作品如同欣赏一场假面舞会，他的作品华贵典雅、千娇百媚，既有东方女性的神秘莫测，又有伦敦女性的古板怪异，还有法国女性的浪漫随和。他生活在现实和幻想之间，却又无时不在试图以时装的方式描绘心灵深处的梦境（图1-38）。

11. 卡文·克林(CALVIN KLEIN)

卡文·克林是地道的纽约人，是美国著名时装设计师。1962年毕业于纽约服装设计技术学院（简称FIT），随后在纽约的时装公司实习了五年之久，在时机成熟之时，开设了属于自己的时装公司。

卡文·克林喜欢整洁完美的形象，他自己的服装、房间、陈列品、车子均选取简洁的褐色或白色。对于妇女的穿着，卡文一贯有自己的见解，他厌恶复杂累赘的服装，认为服装必须能随身体的活动而产生流畅的线条，可使穿着者感到舒适愉悦，不被束缚。简单利落的剪裁、优雅的色彩是卡文设计的重点，褐色系统的运用是卡文设计的标志。他曾四次荣获“寇蒂奖”，并被母校（FIT）聘为特约讲师，指导学生设计作品。

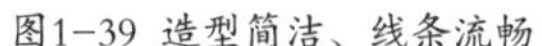
图1-39 造型简洁、线条流畅

图1-40 三宅一生1990年作品

图1-41 三宅一生1989年作品

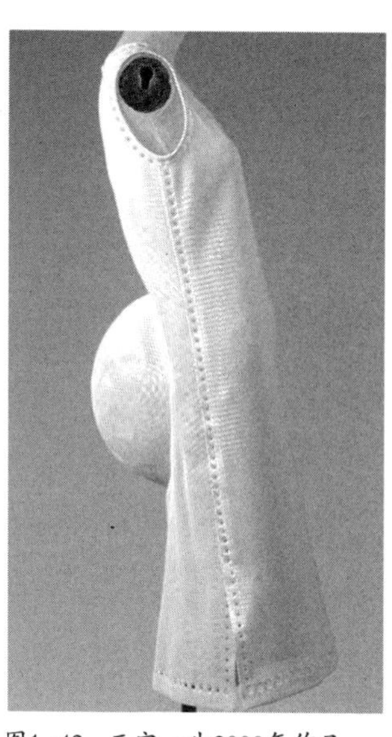
图1-42 三宅一生2000年作品

这位属于现代风格中主流派的设计师，很懂得抓住美国这一代年轻女性的穿着品味，他总有办法设计出现代人喜爱和需要的作品，而又不会变的廉价或是随便。卡文·克林就像电影明星一样，拥有无数的崇拜者，他的一言一行都是大家的关注焦点。CALVIN KLEIN（简称CK）的品牌也已在国际享有盛名，他的专卖店遍及全世界，产品也已扩展到各个时尚领域（图1-39）。

12. 三宅一生（ISSEY MIYAKE）

三宅一生1938年4月出生于日本广岛市，日本多摩美术大学设计系毕业，三宅一生被誉为“这个时代最伟大的服装创造家”。他的设计摆脱以往设计的常规，敢于向传统设计挑战，抛弃传统服装的包裹意义，自由发挥想象的空间。在近15年里，他的设计大胆，挑战传统，作品的流畅与自如为身体提供了最大限度的自由。他特别重视布料所传达的信息，布料的性质及特点是他创作的灵感来源之一，衣服上的线条、织物的色调，往往会成为他表现手法上的借鉴。他的作品有一种无结构、无拘束的社会态度，使得作品总是那么与众不同。

三宅一生的时装源于日本，却又有西方作品的精神。他的作品不仅仅是装饰胴体，还非常强调服装内部和外表的造型结构。他的作品名副其实的具有艺术的特征，他也因此成为服装设计大师（图1-40~图1-42）。

13. 高田贤三（KENZO TAKADA）

高田贤三，1940年出生于日本的兵库，毕业于日本文化服装学院。1963年定居巴黎，并在世界著名时装杂志社ELLE、JARDIN DES MODES担任服装设计，1970年自创成衣制造公司。1977年，高田贤三首次在纽约举办发表会，并取得了轰动和成功。他将不同地区的文化作为创作的素材，巧妙地将它们融合；他打破古典的惯例，无数次在设计上冒险；他的设计充满乐趣、幽默和时代感；他发明的迷你款式深受年轻人的喜爱，并不断成为流行的焦点。

高田贤三（KENZO）所设计的衣服，对象多是20~25岁的年轻女性，价格定位也较一些国际品牌而言（如YSL、DIOR等等）便宜一些，易于接受。作为亚洲设计师，高田贤三的名气已经日渐高升，在欧洲的时尚舞台经常可以看到他的设计作品。KENZO已经成为和世界大牌齐名的设计品牌之一，是亚洲设计师的骄傲。

14. 森英惠（HANA MORI）

生于1926年的森英惠，毕业于日本东京女子大学。后来学习服装设计专业，1951年开设名为“HIYOSHA”的服装店。1965年在纽约举办的发布会获得成功，五年后，设立森英惠纽约分公司和森英惠USA分公司。1977年，她开始将主要精力投入巴黎的高级成衣展，创造了第一个日本人在巴黎的高级成衣界求得发展的历史纪录。不久，森英惠加入巴黎的高级服装店协会，正式成为一名国际性的服装设计师。森英惠的设计洋溢着女性独特的气质，一些细小的装饰、配饰都体现她的设计理念。现在，每年在巴黎都会举办四场发布会的森英惠仍然将日本作为她的创作大本营，并在闲暇时开始从事写作。目前，森英惠已经是一位享誉世界的服装设计大师，她的观察力相当的犀利和准确，她在服装设计领域的地位和名气都非常高，她创造的设计理念“衣生活文化”得到了国际时装界的肯定（图1–43）。

图1–43　林英惠设计作品

15. 格蕾夫人(GRES)

格蕾夫人在设计上一贯以造型流畅、高贵优雅，充分展现女性柔美曲线的特点而著称。格蕾夫人年轻时曾梦想当一名雕刻家，但后来由于种种原因，她的兴趣转向了服装设计。1937年，格蕾夫人在广告商的支持下，开设了一家自己的时装屋，开始了她的服装事业。

1976年7月，格蕾夫人荣获巴黎时装界最高荣誉的第一届金顶针奖，从此稳固了她在时装界的地位。她在设计上善于采用柔软的布料做出自然的褶皱效果，因此被誉为”布料的雕塑大师”。她的顾客有戏剧演员、影视明星等，影响力迅速蔓延（图1–44~图1–46）。

图1–44

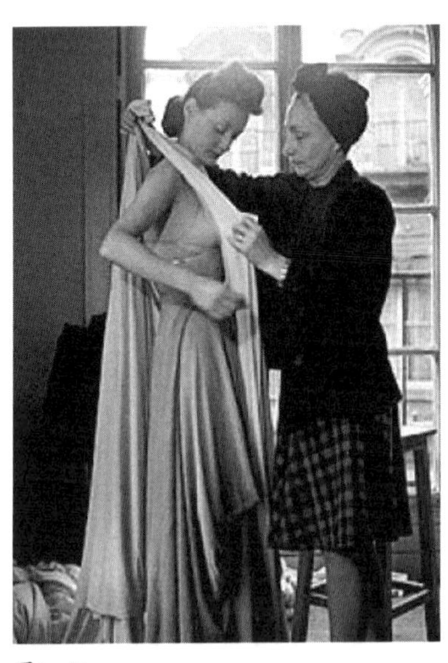
图1–45

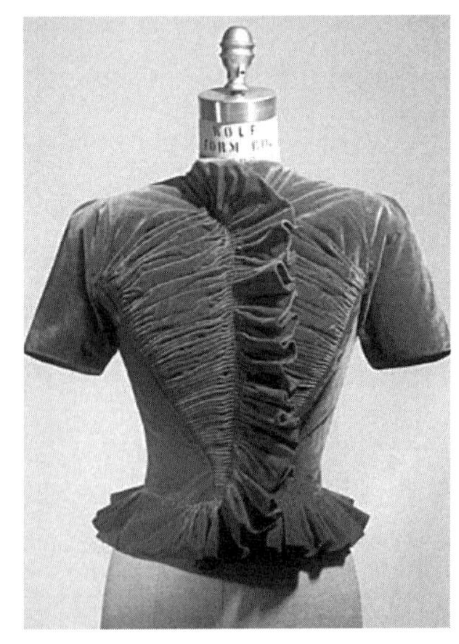

图1–46

图1–44　格蕾夫人(GRES) 造型流畅、高贵优雅、充分展现女性柔美曲线特点的礼服
图1–45　格蕾夫人(GRES)善于采用柔软的布料做出自然的褶皱效果，被誉为“布料的雕塑大师”
图1–46　格蕾夫人(GRES)典型作品，细褶在胸前的设计

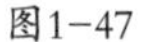

图1-47

图1-48

图1-47 路易・威登LOUIS VUITTON作品

图1-48 此款是为阿凡达女主角 Zoe Saldana 度身订造的红莓色雪纺 LOUIS VUITTON 晚礼服，以褶皱及打褶效果塑造出层层叠叠的荷叶边，曳地式的设计极具份量，缀于裙脚的荷叶边更绣上了黑玉及SWAROVSKI 水晶作点缀，手工极为精致

16. 路易・威登（LOUIS VUITTON）

路易・威登品牌创立于1854年，1896年，路易・威登的儿子乔治用父亲姓名中的简写L及V配合花朵图案，设计出至今仍蜚声国际的印在粗帆布上的交织字母的样式。从设计最初到现在，印有“LV”标志这一独特图案的交织字母帆布包，伴随着传奇的色彩和雅典的设计而成为时尚之经典。一百年来，世界经历了很多变化，人们的追求和审美观念也随之而改变，但路易・威登不但声誉卓然，至今仍保持着无与伦比的魅力。

路易・威登品牌一百五十年来一直把崇尚精致、品质、舒适的“旅行哲学”作为设计的出发基础。路易・威登（LOUIS VUITTON）这个名字现已传遍欧洲，成为旅行用品最精致的象征（图1–47，图1–48）。

17. 珍鲍尔・高尔提（JEAN–PAUL GAULTIER）

珍鲍尔・高尔提1952年出生于巴黎，高尔提很早就喜欢服装设计，14岁时就策划迷你发表会给家人看，18岁时在皮尔・卡丹的公司服务，后来又到姜・巴度的公司担任服装设计师。高尔提对于法国设计师一贯追求的高贵不以为然，他充分发挥自己的想象，激发自己的创作灵感,他从一些穿着邋遢、放荡不羁的人身上找寻灵感，开创了自己的时装王国。

目前在欧洲，高尔提的设计受到了年轻人的喜爱，他所设计的男女时装以前卫的风格打动人，在意大利、日本、美国等地都开设了JEAN–PAUL GAULTIER专卖店，并在每年定期举行的时装发布会上用他那融合前卫、古典、民俗、奇异风格的设计理念，创造JEAN–PAUL GAULTIER品牌的辉煌（图1–49~图1–51）。

18. 瓦伦蒂诺（VALENTINO）

瓦伦蒂诺，1932年出生于意大利，自小就对服装设计情有独钟，高中毕业后就前往巴黎学习服装设计专业。1959年，他在罗马创设瓦伦蒂诺公司，不久后就赢得了时装设计类的头奖，受到时装界的注

图1-49　鬼才设计师Jean Paul Gaultier的作品　图1-50　鬼才设计师Jean Paul Gaultier的作品　图1-51　鬼才设计师Jean Paul Gaultier的作品

目。1967年瓦伦蒂诺大胆的发表了一系列“白色的组合与搭配”，这次在时装界又掀起了轩然大波，许多全球性的时装杂志都争相报道；同年，他又荣获流行服饰界的最高荣誉——“流行奥斯卡奖”，至此瓦伦蒂诺在世界的时装舞台上，建立了自己稳固的地位。

瓦伦蒂诺在设计理念上充分表现了自己的才华，他用舒适面料，优雅线条的设计以及成熟的造型，赢得欧洲名流的热爱，尤其是女士的喜爱，很多名人明星都是他的常客。“追求优雅，决不为流行所惑”是瓦伦蒂诺的名言，同时也是他的设计理念。由于他敏锐而感性的创造力，使他成为意大利流行界的王者（图1-52，图1-53）。

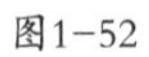

图1-52

图1-53

图1-52，图1-53　瓦伦蒂诺（VALENTINO）作品　设计简洁、大方、线条流畅，呈现优雅、成熟之美感

19. 拉夫·劳伦（RALPH LAUREN）

拉夫·劳伦生长在纽约市，曾经在纽约市攻读商业课程，担任销售工作；后来有机会从事领带设计的工作，从而对男装设计产生兴趣，开始生产制作男人的衬衫、便服、针织服装、鞋帽和皮件等。当劳

图1-54

图1-55

图1-56

图1-54～图1-56 拉夫·劳伦（RALPH LAUREN）作品

伦在男装界打下稳固的根基之后，他开始尝试女装设计，1971年劳伦推出的女士衬衫，采用男式衬衫的模式，依照女性的身材，剪裁大方新颖；1972年又陆续生产了女式套装、毛衣和外套，这些可以相互搭配的便装，吸引了许多职业女性的喜爱。劳伦说："我所要表现的是美国风格，也就是强调舒服自由的感觉。"1974年，劳伦被聘请为影片《大亨小传》担任服装设计，这部影片大大的影响了全球男性的装扮；同时，劳伦获得男女服装界的最高荣誉——寇蒂奖，许多演员、名流都成为劳伦时装忠实的顾客。此后，劳伦还多次连续获得"寇蒂奖"，继续着他的传奇（图1-54~图1-56）。

20. 皮尔·卡丹（PIERRE CARDIN）

图1-57 皮尔·卡丹1957年作品

皮尔·卡丹1922年生于意大利，自小皮尔·卡丹就对服装有着浓厚的兴趣，卡丹先后在巴黎一些著名的时装店工作，之后，受到迪奥的赏识，并受到迪奥的传授，很快成为DIOR店的主要设计师之一。1949年，卡丹离开DIOR，准备自己创业。1950年，他买下一家即将倒闭的时装店，开始了自己的事业。同年，他发表了自己的首次展示会，引起时装界的轰动，卡丹因此成名。

皮尔·卡丹被誉为最富有创造力、最灵敏的前卫设计师。卡丹曾经说过："我设计我所欣赏的服装，它们是属于明日世界里的服饰。"他在1957年推出的布袋装是他事业的顶峰，接着的气泡装、迷你装、不规则下摆等，被誉为服装设计的革命。如今，PIERRE CARDIN的专卖店遍布全世界，其产品包括男装、女装，皮包、皮具，甚至是电器、食品等（图1-57，图1-58）。

图1-58 皮尔·卡丹1962年作品

第四节 服装设计风格

服装设计风格可理解为服装设计作品中所呈现出来的代表性艺术特点，这种特点可源自历史或民族服饰文化，源自各种艺术流派或者社会思潮的冲击。这种被称为风格的东西，有些是经过历史与审美的积淀，具有成熟性和稳定性，堪称经典。同时风格具有连贯性，它不会随着时间的流逝而消失，而是在不同时期以不同方式、手法被重新诠释。在当今这样一个经济高速发展、服装消费需求多样化的时代，服装设计师需要适应市场需求，吸收多种风格样式，拓展设计思维方法和设计手法。

划分服装风格的角度很多，不同的划分标准赋予服装风格不同的含义和称呼。在此，我们主要从造型角度对风格做简要的划分和概述。

一、经典风格

1. 风格综述

经典风格端庄大方，具有传统服装的特点，是相对比较成熟的，能被大多数女性接受，讲究穿着品质的服装风格。经典风格比较保守，不太受流行左右，追求严谨而高雅，文静而含蓄，是以高度和谐为主要特征的一种服饰风格。温婉的经典风格具有很强的怀旧、复古的倾向，追求传统格调，喜好装饰的意味。裙装很多使用传统的A造型和宽大的长线型裙摆、精细的装饰、讲究的帽子、精致的鞋子或是领结、领花等领饰以及正规包袋等做配饰，使整体造型舒展、华丽、柔美。

从造型元素角度讲，经典风格多用线造型，线造型多表现为分割线和少量装饰线，面造型相对归整且没有进行太多琐碎的分割。经典风格的服装中较少使用体造型，点造型也使用的不多，因为过多使用这两种元素会使服装显的繁琐，与经典风格的简洁高雅不相协调。服装轮廓多为X型和Y型，A型也经常使用，而O型和H型则相对较少。色彩多以藏蓝、酒红、墨绿、宝石蓝、紫色等沉静高雅的古典色为主。面料多选用传统的精纺面料，花色以传统的彩色、单色面料居多。经典风格无论在哪个年代都保留着较为稳定的传统样式，是一种经久不衰的风格。

2. 代表品牌

经典风格服装主要代表品牌有乔治·阿玛尼（GIORGIO ARMANI）、马克斯·玛拉（MAX MARA ）爱马仕（HERMES）等（图1-59，图1-60 ）。

二、前卫风格

1. 风格综述

前卫风格在造型上可同时使用多种元素，在造型元素的排列上不太讲求规整，可交错重叠使用面造型，可大面积使用点造型，也可使用多种形式的线造型。前卫风格的零部件造型通常比较夸张，表现出一种对传统观念的叛逆和创新精神。前卫风格追求一种凸显自我、夸张、怪异、另类的形象，体造型是前卫风格的服装中经常使用的元素，尤其是局部夸张造型多用体造型表现，如立体袋、膨体袖等；前卫

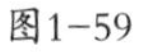

图1-59

图1-60

图1-59 马克斯·玛拉（MAX MARA）线条简洁明朗，款示严谨而高雅
图1-60 乔治·阿玛尼（GIORGIO ARMANI）运用经典的黑白搭配，简洁大方

风格的装饰手法变化丰富多样，经常使用毛边、流苏、破洞、磨砂、补丁、打铆钉等装饰手法；前卫风格的服装多使用奇特新颖、时髦刺激的面料，如各种真皮、仿皮、牛仔、上光涂层等面料；此风格用色大胆鲜明、对比强烈、不受限制。

2. 代表品牌

前卫风格服装的代表品牌主要有英国的维维恩·韦斯特伍德（VIVIENNE WESTWOOD）、亚历山大·麦奎因（ALEXANDER MCQUEEN）、让·保罗·戈尔捷（JEAN PAUL GAULTIER）等（图1–61~图1–63）。

图1-61

图1-62

图1-63

图1-61 维维恩·韦斯特伍德（VIVIENNE WESTWOOD）丰富的色彩及多种不同材质面料的组合完显出自我、夸张、怪异、另类的形象
图1-62 亚历山大·麦奎因（ALEXANDER MCQUEEN）使用毛边、流苏和多种形的线造型，表现出一种对传统观念的叛逆和创新精神
图1-63 让·保罗·戈尔捷（JEAN PAUL GAULTIER）夸张的局部造型，大胆鲜明的设计手法

三、运动风格

1. 风格综述

这类服装的最大特点是活泼、健康，注重运动与休闲相结合，借鉴运动装设计元素，充满活力，穿着面较广，廓型以直身为主。从造型元素的角度讲，运动风格服装多使用面造型和线造型，而且多为对称造型，线造型以圆润的弧线和平挺的直线居多；面造型多使用拼接形式而且相对规整，点造型使用较少，偶尔以少量装饰如小面积图案、商标形式体现，运动风格的轮廓多以H型、O型居多，自然宽松，便于活动；面料多选用棉、针织或棉与针织的组合搭配等可以突出机能性的材料；色彩鲜明而响亮，白色以及各种不同明度的红色、黄色、蓝色等在运动风格的服装中经常出现。

运动风格的服装把游玩和运动的感觉引入服装设计理念，使运动风格服装兼具运动服装的功能性和日常服装的实用方便性，表达一种自由、轻便的着装形式。

2. 代表品牌

运动风格服装的代表品牌主要有法国的ELLE、美国的POLO SPORT RLX 、意大利的SPORTMAX 和美国的NIKE（图1–64， 图1–65）。

图1–64　意大利SPOR TMAX 品牌服装简洁、轻松的设计风格

图1–65　美国NIKE 品牌服装

四、休闲风格

1. 风格综述

休闲风格服装追求穿着与视觉上的轻松、随意、舒适，消费年龄层跨度较大，适应多个阶层日常穿着。休闲风格的服装在造型元素的使用上没有太明显的倾向性。休闲风格的点造型和线造型的表现形式很多，如图案、刺绣、花边、缝纫线等；面造型多重叠交错使用以表现一种层次感；体造型多以零部件的形式表现，如坦克袋，连衣腰包等。休闲风格线形自然，弧线较多，零部件少，装饰运用不多，外轮廓简单，讲究层次搭配，随意多变。休闲风格服装面料多为天然面料，如棉、麻等，强调面料的肌理效果或者面料经过涂层、亚光处理。色彩比较明朗单纯，具有流行特征。休闲装的造型、色彩受流行因素的影响而多变，运动服装功能性的设计理念大量运用到这类服装之中。

2. 代表品牌

休闲风格服装的代表品牌主要有意大利的贝纳通（BENETTON）、法国的瑟琳（CELINE）、美国的埃斯普林（ESPRIT）、拉尔夫·劳伦（PALPH LAUREN）等（图1–66，图1–67）。

图1-66 拉尔夫·劳伦（PALPH LAUREN）简洁白色的造型，给人轻松、随意舒适的视觉效果

图1-67 贝纳通（BENETTON）品牌服装外轮廓简洁，讲究层次搭配，随意多变

五、优雅风格

1. 风格综述

优雅风格具有较强的女性特征，通过外观和品质体现成熟、华丽的特质，兼具的时尚感。优雅风格服装多使用高档面料，讲究细节设计，装饰比较大方精致，不使用分割太多、繁琐低俗的装饰，色彩多为柔和高雅的灰色调。优雅服装的领型不宜过大，一般翻领、西装领较多，衣身较合体，讲究廓型曲线，悬垂性好，分割线以规则的公主线、省道、腰节线为主，门襟对称，使用小贴袋、嵌线袋或无袋，袖型以筒形装袖为主。外形线较多顺应女性身体的自然曲线，整体感觉含蓄端庄、优雅稳重。

2. 代表品牌

优雅风格服装的代表品牌有法国的夏奈尔（CHANEL）、纪梵希（GIVENCHY）、伊夫·圣·洛朗（YVES SAINT LAURENT）、意大利的芬迪（FENDI）、瓦伦蒂诺（VALENTINO）等（图1-68，图1-69）。

图1-68

图1-69

图1-68 夏奈尔（CHANEL）品牌服装经典的色彩搭配，对称的门襟设计更显精致和品质
图1-69 意大利的芬迪（FENDI）品牌服装外形线顺应女性身体的自然曲线讲究细节设计，整体稳重，大方优雅

六、中性风格

1. 风格综述

中性风格是指弱化女性特征、部分借鉴男装设计元素的服装风格。中性风格服装从发型到着装整体打破阳刚与阴柔的界限，给人无拘无束和带有男性帅气的感觉，款式、色彩、面料都没有太强的女性特征，线条精炼，直线条运用较多，分割线比较规整，造型棱角分明，廓型简洁利落，色彩明度较低，黑色、白色和灰色用的较多，较少使用鲜艳的色彩，面料选择范围很广，一般不使用女性味太浓的面料，如花色面料、纱绡等。衬衣、夹克、西装、套装、马裤、领带等是最常见的款式。

2. 代表品牌

中性风格服装的代表品牌主要有法国的蒙塔纳（MONTANA）、路易威登（LOUIS VUITTON），美国的马克·雅各布斯（MARC JACOBS）、卡尔万·克来因（CALVIN KLEIN），意大利的乔治·阿玛尼（GIORGIO ARMANI）（图1-70~图1-71 ）。

图1-70

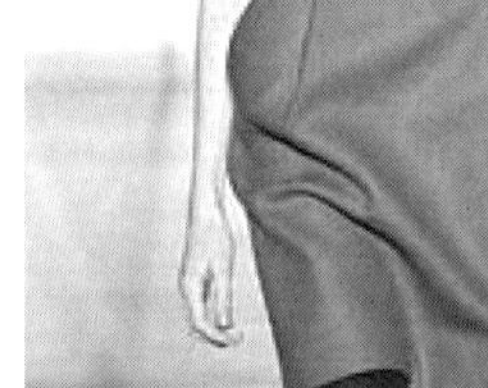

图1-71

图1-72

图1-70 马克·雅各布斯（MARC JACOBS）利用经典的是白灰色系，线条精炼，大气利落
图1-71 卡尔万·克来因（CALVIN KLEIN）设计规整、干净利落、简洁大方
图1-72 卡尔万·克来因（CALVIN KLEIN）具有男性帅气的感觉，衬衣、外套经典搭配

七、轻快风格

1. 风格综述

轻快风格是轻松明快、适合年轻女性日常穿着的具有青春气息的服装风格。轻快风格的服装可以使用多种服装造型，繁简皆宜，款式活泼，衣身通常比较短小且紧身，如超短裙或超短裤、露脐装、紧身T恤等。面料选择随意，棉、麻、丝、毛以及化纤均可使用，花色较多，色彩通常比较亮丽。分割线不受拘束，弧线或变化设计的零部件较多，如活泼泡泡袖、灯笼袖、荷叶袖、多层花边领子、连帽领等，较多使用边饰、蝴蝶结、刺绣、蕾丝等装饰。

2. 代表品牌

轻快风格服装的代表品牌主要有意大利的贝博洛斯（BYBLOS）、缪缪（MIUMIU），克里门·里贝罗（CLEMENTS RIBEIRO）等（图1-73，图1-74）。

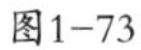

图1-73

图1-74

图1-73　克里门·里贝罗（CLEMENTS RIBEIRO）轻松明快的设计风格，适合年轻女性的日常穿着
图1-74　缪缪（MIUMIU）可爱点状面料的运用加上不受拘束的分割线设计，局部荷叶边的装饰更添服装清新气息

八、民族风格

1. 风格综述

民族风格服装是汲取中西民族、民俗服装元素并结合时代感的服装风格。民族风格服装不是将各民族的服装直接挪用，而是以民族服饰为元素或以地域文化作为灵感来源，对世界各民族服装的款式、色彩、图案、材质、装饰等作适当的调整，吸取时代的精神、理念，借用新材料以及流行元素等进行的重新设计。民族风格的服装一般采用民族民间味道浓厚的装饰图案，手工装饰较多，如手工刺绣、编织等，此外，珠片、盘扣、流苏、绸缎、补丁等装饰，也是强调服装民族风格常使用的装饰手法。民族风格服装色彩比较鲜艳，对比强烈，经常选用充满泥土味和民族味的面料，比如丝绸、织锦缎、染织布、扎染、蜡染的面料等。

2. 代表品牌

民族风格服装的代表品牌主要有日本的森英惠（HANAEMORI），美国的安娜·苏（ANNA SUI），意大利的（ETRO），法国的克里斯汀·拉克鲁瓦（CHRISTIAN LACROIX）等（图1-75~图1-77）。

每位设计师都有自己的设计风格，所以可以通过了解某位设计师，了解某一类设计风格。通过对案例的学习和分析总结，对某位设计师的了解，让学习者更加体会某类风格的特征及运用特点。

图1-75

图1-76

图1-77

图1-75　安娜·苏（ANNA SUI）大胆风情的印花图案让裙子复古的民族风味更佳浓厚
图1-76　采用丝绸面料，运用在民族味道浓厚的刺绣手法，用珠片、绸缎、补丁进行胸前的细节设计，色彩鲜艳、对比强烈
图1-77　艾特多（ETRO）民族印花图案与运用

【经典服装设计案例】 唐娜·卡伦DONNA KARAN

每位设计师都有自己的设计风格，通过了解某位设计师进而了解某类设计风格。对案例的学习，能帮助学习者加深认识。

1. DONNA KARAN–人物

卡伦出生于纽约长岛，她热爱这个城市，特别关注周围人们的生活，无论是街上的行人、办公室的白领还是身边的朋友，关心他们的心态、他们的生活方式和生活节奏，目光所及之处都会成为她设计的灵感源泉。

DONNA KARAN在1984年开始创业，立志“为现代人设计现代化服装”。同时80年代是所谓的“为成功而穿”的年代，服装设计与职业前途有密切关系，白领阶层为事业而穿，由此出现了许多职业服装设计的典范，成功的女性穿着剪裁讲究的上班套装，穿着裁剪考究的长裤，形成一片典雅的上班装。唐娜·卡兰就是在这样一个背景下脱颖而出。

2. DONNA KARAN–设计理念及风格

黑色是DONNA KARAN永远的主色调。唐娜·卡伦对黑色的钟爱体现在她追求舒适、讲究质感的设计理念上。从黑色紧身衣、黑色毛衣、黑色礼服长裙到黑色茶具，都可以看出她强烈的色彩倾向。黑色融合了她对于快节奏大都市生活的理解和感悟，也与她要创造出既朴实无华又高贵优雅的世界性时装的初衷相吻合。

DONNA KARAN以成熟、高尚、性感、自信的都市女性为目标消费群，推出能完美表现女性曲线美的舒适高级女装，同时卡伦非常重视服装的细节设计，卡伦的设计很适合职业妇女，服装非常得体，而又舒适，而且无需考虑在不同的环境下更换不同的服装。她的设计中最基本的是一件紧身衣，紧身衣可以配裙子，也可以配裤子，既可单独穿着，也可以再添上一件外套。以紧身衣为核心的设计是她的设计构思最成功的地方。如果要变化，可以调整紧身衣的色彩和形式，以紧身衣带动整个服装系列的改变。

她喜欢用简单的运动衫作为自己系列的中心，在材料上则多用绉纱，加上不透明的连裤袜，上衣多不用纽扣，不是套头衫就是无扣的外衣 、纱笼裙，有些服装特意裁剪出交错不齐的布局，具有强烈的雕塑感。她的设计给上班族提供了一个既不违反公司教条、形象，又兼具性感和强烈的个人气质的选择，代表了艺术风范和高品位。

90年代之后，卡伦的设计开始转向温柔、规范。这也是她为什么能在竞争激烈的市场站稳脚跟并得到疯狂推崇的原因，也因此奠定了她“美国时装女王”的地位（图1-78~图1-84 ）。

图1-78

图1-79

图1-80

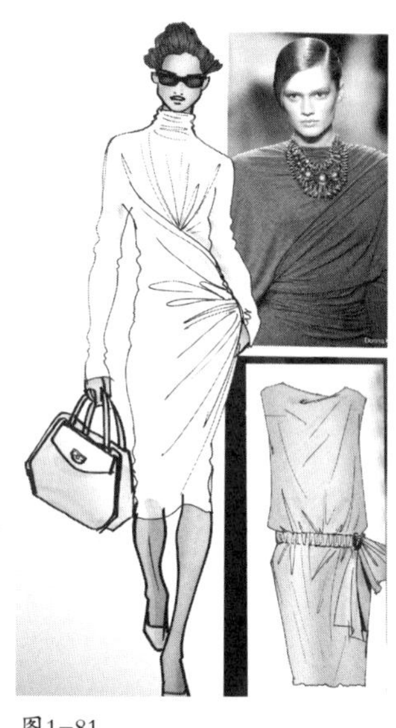

图1-81

图1-78~1-81 唐娜·卡伦（DONNA KARAN）2009~2010年成衣作品，流水作为设计主要灵感来源，强调腰部的设计，以自然的褶皱为表现手法展示出成衣的的揉美与知性、优雅

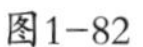

图1-82

图1-83

图1-84

图1-82~1-84 唐娜·卡伦（DONNA KARAN）2011秋冬季成衣作品，给人以都市的理性精明和儒雅的超脱之感。以减法做修饰，凸显纤细腰肢和局部的出挑以示细节智慧。环绕的自然褶皱与出乎意料的各异翻褶领形，在优雅中尽显个性

设计项目课堂实训及优秀作业点评

◎ 项目案例：通过对服装设计风格的理解、归纳和总结，在经典风格、前卫风格、休闲风格、运动风格、优雅风格、中性风格、轻快风格及民族风格中选一种风格进行创意时装系列设计。

◎ 设计要求

1. 设计一个系列（3~5套）创意性时装。
2. 设计作品所用面料需进行面料的二次设计。
3. 总体造型完整，作品需包括服装、头饰、化妆、配饰等设计。
4. 创作手法不限，能结合市场及时尚潮流。

作品点评

作品1　作者：王洪莉

此系列选择前卫风格进行时装创意设计。作者以花朵作为灵感来源，利用各种彩色拼布利用褶皱的处理手法来表现花朵的百变姿态，并把观者带入绚丽、奇幻的世界。此系列的设计紧扣主题，创意突出。但整个系列的设计过于繁琐，缺少主次之分。

作品1

作品1

作品2　　作者：李丹文

作者选择轻快风格进行时装系列设计，面料进行了二次设计，波而卡圆点造型的面料设计给人活泼、欢快的感觉，造型夸张可爱的袖子、层叠设计的下摆和超高跟鞋子的搭配很好的表达出此风格的特点。

作品2

作品2

作品3　　作者：郭畅

此系列选择休闲风格进行系列设计，作者采用不同材质面料组合拼接手法，打破男装传统的设计方法，利用毛线编织的图案去贯穿系列的休闲时尚感。同时低碳环保的灰色调，又不失男士稳重之美，系列整体呈现出休闲、时尚、年轻、环保之美感。

作品3

作品3

作品4　　作者：于洋洋

此系列以优雅风格进行服装系列设计，作者以拜占庭建筑屋顶为灵感来源，并将其转化为装饰元素应用于服装之中，并选用裸色雪纺与软纱面料，局部采用精致的装饰图案，飘逸又不失妩媚，使整体设计古典之中不失优雅。

作品4

作品4

思考与练习

搜集多款世界服装设计大师的典型作品，分别从服装的不同审美角度进行评价分析。

2 服装与人体的关系

服装设计的对象就是各种不同体型的人。更具体地讲，在服装的成型过程中其主要的依据也是各种不同体型的人体。服装设计师在进行服装设计的时候，应把人和服装视为一个统一的系统加以考虑，对于人体的基本结构、基本比例以及服装与人体的关系等问题有较为详细的研究和认识，并以此为依据进行服装设计工作，以使其服装达到最理想的穿着效果。

第一节 人体的基本结构与造型

一、人体结构与比例

1. 人体构造

人体构造包含内在和体表二层意思。

人体内在构造以骨骼、肌肉、皮肤几方面为主，骨骼是人体的主要支架，全身由200多块不同形状与大小的骨头所组成，骨与骨之间以关节相连接，关节的活动使人体在外形上产生变化，最终决定了服装的造型模式。肌肉附于骨骼与关节之上，使人体表面产生凹凸不平的变化，构成了人体的外观形态。

人体体表构造特征包括人体比例、对称关系、体形种类、性别差异等。同时，人体形态主要表现在人体体表方面，人体表面质地包括人体的颜色光洁度等，而人体颜色则包括肤色，发色和眼睛色，这些颜色在视觉上要么非常相似，要么在色调、色彩的浓度上形成对照。肤色、发色与眼睛颜色的关系是着装形体能否协调的重要因素，如图深褐色皮肤与黑头发在明度上的相似与深色头发与白皮肤的对照，后者显示出了明度对照对观察者的自然聚焦性，而前者对亮色调的服装表面则具有潜在的对照性（图2–1，图2–2）。

图2–1　深色头发与白皮肤的对照显示出了明度对照对观察者的自然聚焦性

图2–2　深褐色皮肤与黑头发在明度上相似，对亮色调的服装表面具有潜在的对照性

人体上皮肤、头发、眼睛的色调对比强弱不一，而服装可以在视觉上强化、弱化或忽视人体的颜色，并与人体的表面形成对比。当人体色彩与服装色彩的关系是近似状态时，人体颜色就不再是注视的焦点，而成为服装的背景；当不是近似关系时，即使这种不近似的关系非常微妙，人体的颜色也可能会成为视觉的中心。如某人头发与服装只是色彩浓艳程度上的不同，其余方面都很相似的时候，观察者的注意力则会集中在头和脚这两个端点之间所构成的造型平面上；如果头发与服装形成强烈的对比，那么脸部和头部则占主导的视觉地位，这样人体表面与服装表面在视觉上相互作用，相互影响，构成了服装的整体美（图2–3，图2–4）。

图2–3

图2–4

图2–3　人体的颜色与服装色彩近似时，人体的颜色就不再是注视的焦点，而成为了服装的背景

图2–4　人体的颜色与服装的颜色不是近似关系，且人的头发与服装的色彩形成反差，观察不但会观注服装、头部、脸部也会成为视觉焦点

2. 人体比例

常见的人体比例有四种。另外，人的年龄可以划分为六个阶段，每个年龄阶段的人体比例不同。

传统上，对不同动态的人体比例来说有“立七、坐五、盘三半”的说法（图2–5，图2–6）。

作为服装设计师，了解人体比例也可以用分段组合的方法，在分段组合的基础上，把人体当作概括化的视觉结构来讨论。

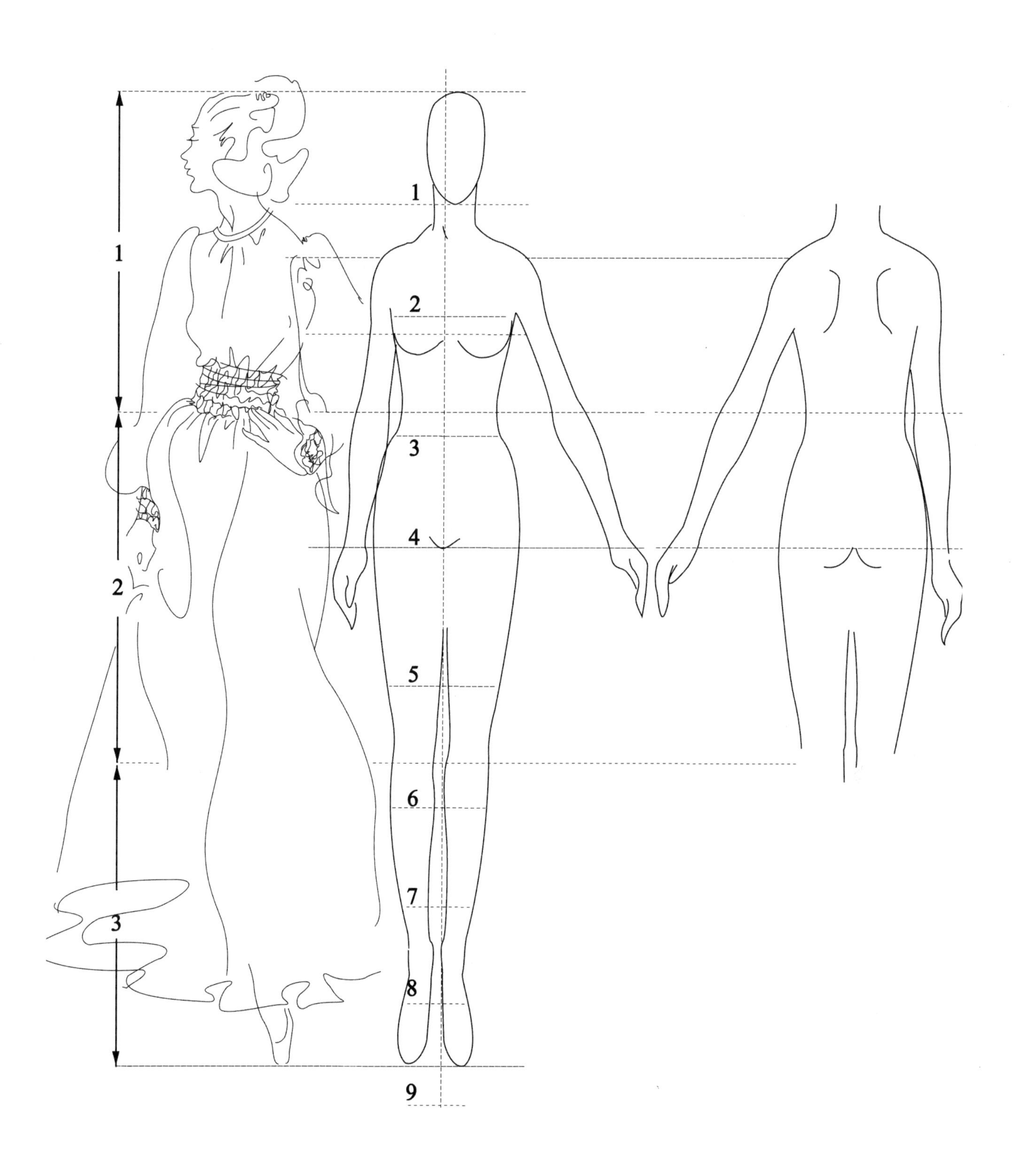

图2-5 女性人体比例

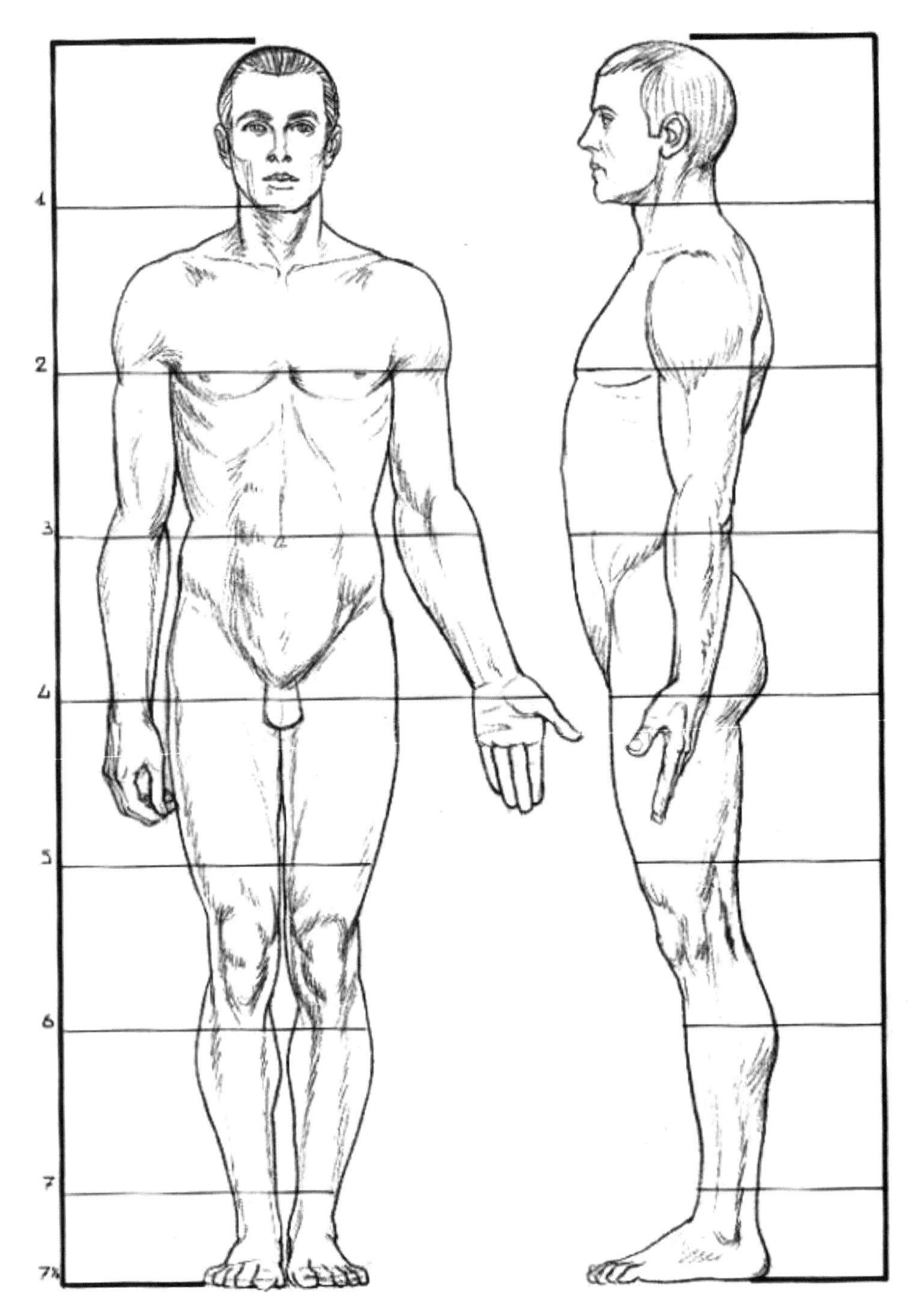

图2-6 男性人体比例

人体各部分结构异常复杂，形状各异的骨骼和肌肉共同作用，在人体表面形成多种多样的立体形态，而各个部分的立体形态又随着人体的运动而时时改变，所有的静动态人体特征都直接影响着着装形态，所以了解和把握人体结构对服装设计至关重要（图2-7，图2-8）。

当然，也可以将人体的复杂形态概括成各种简约的几何形块，事实上服装形态都与人体外形的块面形态呈匹配态势，它们共同地对人体外形体表进行强调、夸张、取舍。例如，将胸部与髋部之间概括为上、下两个相互倒置的梯形立方体，把四肢概括为多个圆柱体组合等，对人体外形块面化的理解，不能忽视所有形块均是立方形块的简略特征（图2-9）。

图2-7

图2-8

图2-7 人体的三维立体结构为服装提供了一个空间框架，特别是合体服装对人体的立体结构有特殊的强化效果

图2-8 宽松服装与人体三维结构框架形成一种特殊的空间关系，服装在体现人体三维结构的同时也构建了一个自己的空间量感

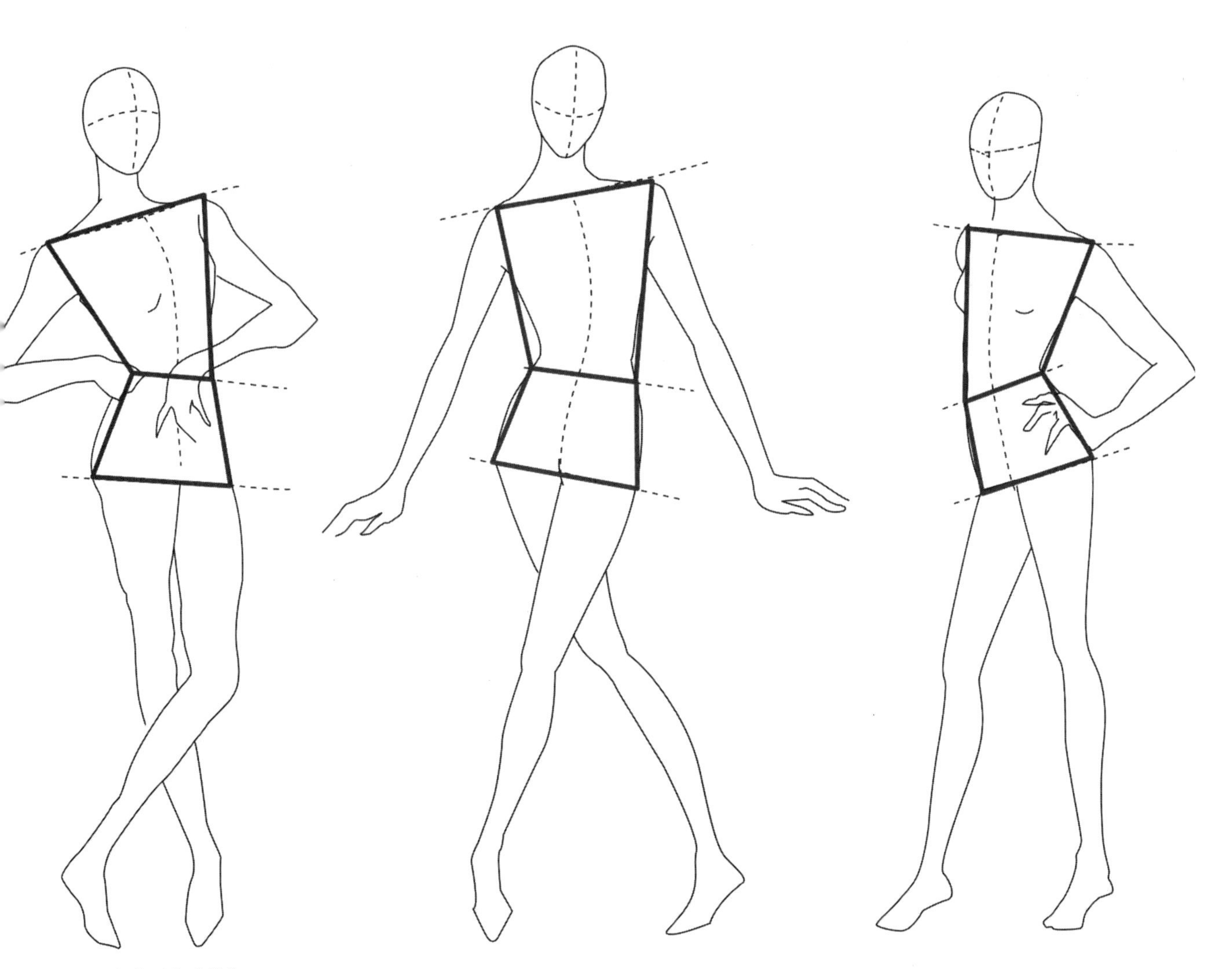

图2-9 人体复杂形态的简化

从视觉范围的参考框架角度来看，人体有视觉单位或叫做视觉面，有前视面、后视面、侧视面，前视面的吸引力最大，因为前视面的可视度高，细节多，对称性强，移动方式美等诸因素。所以，设计者常将前视面作为最重要的观察区域。人体是一个先存在的结构框架，穿服装之前和之后的美感不同，服装在人体上的着落点表面的强调处理以及小表面与人体结构之间的视觉关系使得着装外形结构多种多样。人体与服装的关系有时是彼此独立的，有时是相互依存的，所以人体造型的多样化与服装的多样化影响着整个着装外形的视觉效果，两个因素缺一不可（图2-10）。

图2-10 潇洒的男西服套装就是典型的前视面观察造型，以领带为前视中心，以腰带扣为前视焦点，轮廓及两腿之间的空间形状则引导着视线的纵向观察，使人体呈现扁平的前视觉面形状

二、人体静动态的特点

人体就是服装造型潜在的视觉焦点。特别是人体的动态美感对服装特点的显现尤为关键，人体的动态与服装的动态互相映衬。在服装设计过程中，设计师特别重视对于人体动态美和服装动态美的体现。当我们在观看舞蹈、艺术体操的时候，我们会被舞蹈演员、体操运动员所表现出来的各种优美的动作和姿态而陶醉，感叹人体能够表现出如此精妙的动态图，感叹服装对人体动态美的强化（图2–11，图2–12）。

图2–11 人体动态美

图2–12 人体动态美

服装只有在与人体结合时，才能表现出其自身的格调和特殊的魅力。简言之，服装设计的重点就在于突出人体的优美并将其夸张，以完美的形式达到美化人类自身的目的。人体的动作（包括静态和动态）赋于服装以生命感，服装也以其特殊的魅力更加强调出人体美的无限丰富。

人体动态的形成主要是由躯干、手臂和腿来完成的，我们一起来分析人体在静态和动态时候的变化规律及其与服装造型的关系。

1. 人体静态时的特点

从前后观察，静止直立的人体是一个以纵向线为中轴的对称体，正中线垂直与地面，从正中线向两侧有几个最宽点，它们以中轴线为基准相互对称、平衡，是观察着装外形的框架。如肩宽点、手腕点、髋点等。

从侧面观察，人体却是不对称的形体，将其中轴连成一线是一条带有优美韵律的S曲线，人体的结构造型也正是在这种自然的曲线状态中保持着静态的平衡。由于走动时肢体位置的变化，着装的视觉效果各不相同（图2–13）。

图2-13 人体静态着装效果

2. 人体动态时的特点

人体的移动既有大幅度的、缓慢的平移动作，又有小幅度的迅速的拉扯动作，其中有方向、速度的变化等等，而人体的变化会产生不同的着装效果。决定人体动态的主要线条有肩线、腰线和髋线，即常说的“三横”（图2-14，图2-15）。

肩线和髋线是胸部和臀部运动方向及相互关系的基本尺度，两横线的变化往往表明了胸和臀的位置关系。除了人体在立正及双腿同时受力时，“三横”线是平行的外，人的所有运动都会使两横线呈一定角度的倾斜。也就是说这两条动态线过度的夸张和摇摆使人体的姿态更加明显，使得人体动态平衡规律更加明确（图2-16，图2-17）。

如穿着职业套装，当人体是静止时，其肩点、腰点和袖口点形成一个完整而清晰的廓型，当人体在走动时，由于腰点与髋点的往复扭动，使得服装清晰的廓型随之改变（图2-18，图2-19）。

因此，人体造型的多样化与服装造型的多样化影响着整个着装外形的视觉效果，两个因素缺一不可。美丽的服装造型离不开人体的共性特征，人体对服装美的表达起了极其重要的作用，所以在研究服装的视觉效果之前，我们应该充分掌握人体对于服装外形多样化所具有的潜在的影响力。

图2-14 决定人体动态的主要线条

图2-15 决定人体动态的主要线条

图2-16 人体动态线与动态平衡

图2-17 人体动态线与动态平衡

图2-18 人体动态与服装廓型变动

图2-19 人体动态与服装廓型变动

第二节 服装与人体

一、服装的闭合型空间和敞开型空间

当我们对服装形式语言进行定义的时候，发现形体与空间的相互依存有密不可分的关系。所谓形体之分，其根本的差异性也是因为形体的空间呈现状态的不同而产生的。因此，在整体观察服装外形时，观察者既要考虑服装形体所占的空间和邻近区域对外形的影响，也要考虑观察者与服装形体之间的空间，即前景空间、后景空间、左部空间、右部空间。在视觉空间领域里，服装形体应该被看作是一个全方位的立体的空间，这种把服装与邻近区域融合在一起的观察方法，可以使我们以一种独特的视觉角度来重新审视服装，以此来对服装的空间进行新的演绎。

服装轮廓怎样限定，主要取决于它是如何占据空间和如何吸引注意力，有的服装轮廓与环境相比非常清晰与独立，有的服装轮廓则显得模糊不清，并依赖于环境。闭合或敞开是用来表达服装与周围空间的关系的，这两种关系的不同改变着观察者的视察效果。

闭合外型呈自我包容状，轮廓线就是边界线，是感知中的控制因素，是把服装与周围空间分开的终端边缘。

（图2-20~图2-22）形体与空间在明度上形成对照，轮廓有连续不断的边缘线相接而成，外形更具闭合性。观察者的视觉移动被限制在轮廓线以内，一般无须考虑外形周围的空间状况。

图2-20 服装的闭合型空间

图2-21 服装的闭合型空间

图2-22 服装的闭合型空间

敞开式外形的周围空间与周围环境相互作用，没有自我包容感。轮廓线不引导视觉走向，也不能表达确定的信息，所以不能成为观察的主导力量。

敞开型空间服装外形与周围空间相互依赖，轮廓线边缘不很清晰，显得透明或于周围空间融为一体（图2-23~图2-25）。

但当服装形体移动时，由于织物的动态效果，会使闭合式或敞开式服装显现出不同的甚至是相反的视觉外形效果。

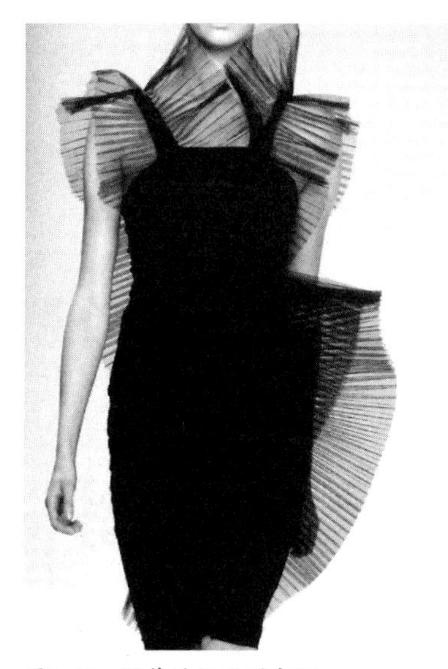
图2-23 服装的敞开型空间

图2-24 服装的敞开型空间

图2-25 服装的敞开型空间

图2-26 服装闭合型空间与敞开型空间的转换

例如，图2-26裙装设计，静态展示是闭合性服装，但着装者走动起来以后，形体与穿着者就会产生连带的关系，又会与周围的空间相互作用，这时的外形属于敞开式。

二、服装余量与人体的关系

服装余量是指服装特定部位和与之对应的人体部位的尺度差值，例如胸围余量指的是服装胸围围度与人体净胸围围度的差值。

服装余量与人体之间存在着密不可分的关系，每个服装余量数值都是针对于特定人体的特定部位的，如果脱离了人体，这个数值也就没有了意义；另外一方面，服装与人体之间如果不存在余量，那么服装就不具备实际穿着性、舒适性和造型性等，简言之，服装余量是服装与人体产生关系的必然要件。

1. 服装负余量

所谓服装负余量，就是指服装特定部位的尺寸小于与之对应的人体部位的尺寸，它们之间的差值出现负数。这看似不满足人体工学设计理念的服装余量设计却在服装史的各个历史时期都曾出现，即便是以“科学”命名的现代也不乏案例。

例如，洛可可时期服饰，通过紧身胸衣将人体的正常腰部勒细，外着的裙装腰围明显小于人体的实际腰围，这样的服装负余量是以损害人体的健康为代价的（图3–27）。

20 世纪 50 年代出现了二战后的空前繁荣，科学技术的丰硕成果并没使女人从“束缚”身体的观念中完全解脱出来，风靡一时的新风貌时装仍然以夸张的细腰为设计重点（图3–28）。

在我国，同样体现服装负余量的典型就是“三寸金莲”，实际的鞋长远远小于人体正常脚长（图3–29）。

图2–27 服装负余量——紧身胸衣

图2–28 迪奥的“NEW LOOK”

图2–29 三寸金莲

泳装可以说是服装负余量的一个典型的正面案例，它并不是以损害身体、阻碍人体运动为前提的，反之，它的出现为女性的现代游泳运动提供了基础和保证。

泳装紧紧的包裹身体的主要部位，大部分部位的余量都出现负值，但由于弹性面料的使用使穿着的舒适性完全不受服装的负余量影响，此时的服装负余量发挥了保护胸部、防水等重要的正面作用（图3–30，图3–31）。

2. 服装生理性余量

服装生理性余量指的是满足人体生理活动需要的服装余量。根据人体各个部位生理活动的不同特点，特定部位的服装生理余量也是不同的。例如，胸围处的服装生理余量主要满足的是呼吸时胸肌和背阔肌的收缩伸展需要，此数值通常取4cm（成人女性）作为平均参考值，图2–32所示的金色晚礼服就是生理性余量的典型案例。

图2–30 现代泳装

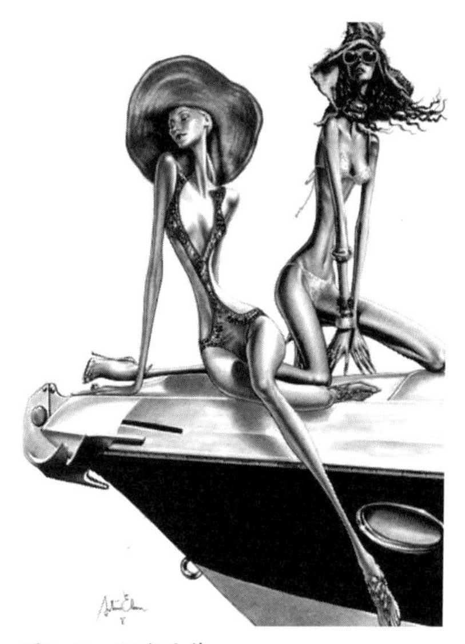

图2–31 现代泳装

图2–32 金色晚礼服的生理性余量

当然，以不同个体的身高、体重、生活状态等进行的设计就更具人性化了。孕妇装设计突出了女性特定时期对腰围余量的要求，使设计更具人文关怀（图3–33，图3–34）。

3. 服装动态余量

服装动态余量指的是满足人体普通运动需要的服装余量。客观上，人体保持动态的时间远远大于静态时间，而且人体各个部位的动态特点十分多样，所以服装的动态余量设计就变得非常重要和复杂了。例如，当人体含胸、手臂环抱于胸前、吸气时，前胸围变小，而背阔肌伸展，后胸围变大；当人体挺胸、张开双臂、呼气时，前胸围变大，而背宽变小，这样的动态变化造成（平均值）12cm的余量需求。

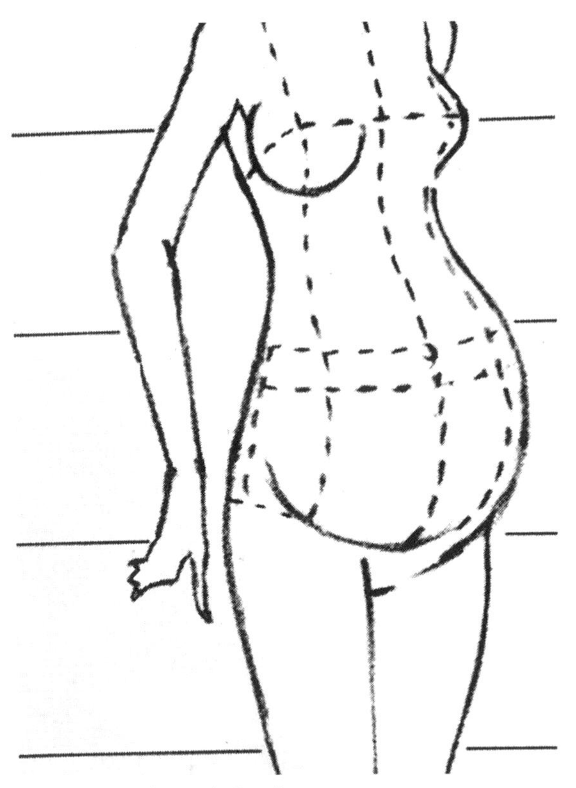

图2-33　孕妇装腰围余量设计

图2-34　孕妇装腰围余量设计

在人体的各个部位，服装动态余量的大小不同，例如余量较小的有肩部动态余量、颈部动态余量、臀围动态余量等（图2-35）。运动装动态余量满足人体正常运动所需，并起到保护身体的作用（图2-36）。

4. 服装款式余量

服装款式余量与前三种余量有很大的不同，它受人体的静、动态活动约束很小，它主要是满足服装款式的造型需要。

图2-35　人体各个部位的动态余量设计

图2-36　运动装动态余量

如图2–37，图2–38所示，虽然人体肩部的服装生理性余量和动态余量很小，但泡泡袖造型决定了服装肩点和臂根部位需要很大的余量，此余量就为服装款式余量。本文所述服装款式余量数值均大于服装动态余量，不包含通过服装负余量塑造特殊服装造型的例子，且因为款式余量大于动态余量，所以服装款式余量均能满足人体活动的余量需要。为满足视觉造型需要而设计的服装，各部位多余的余量为服装款式余量（图2–39）。

图2–37 泡泡袖款式余量

图2–38 泡泡袖款式余量

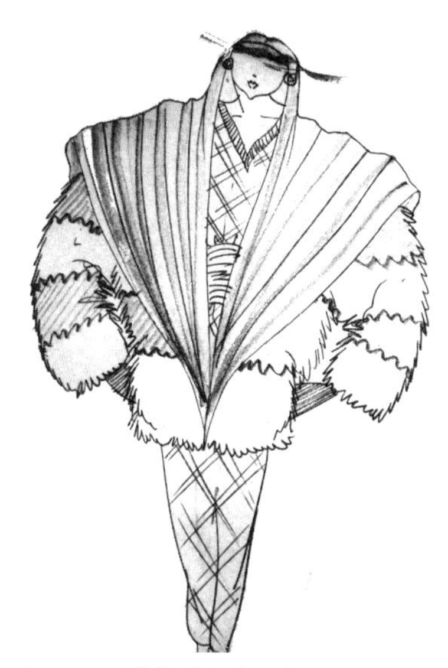

图2–39 服装款式余量设计

三、人体动态对服装的重要影响

移动着的人体与所着服装的材料之间也有极大的潜在的相互影响作用，行走时人体的重力会与织物的重力产生许多不同的视觉效果。

如从肩垂下的硬挺织物，由于表面板正，使观察者常忽略人体的曲线，只会令人看见较小的运动幅度，另外，硬挺的面料限制身体活动，使运动趋于缓慢，所以视觉效果显得庄重高雅（图2–40，图2–41）。

轻飘之物如薄绸，则随身体移动既贴近身体轮廓，又稍有拖曳。人体运动起来后，身体与织物一起产生飘逸、飞翔般的整体效果（图2–42~图2–44）。

图2-40　人体动态与硬挺服装材料的关系

图2-41　人体动态与硬挺服装材料的关系

图2-42　人体动态与轻薄服装材料的关系

图2-43　人体动态与轻薄服装材料的关系

图2-44　人体动态与轻薄服装材料的关系

移动方式是人体动态的重要组成部分，事实上移动步态的吸引力，大过身体上服装的吸引力。所以在服装设计中，设计师要考虑着装后的各种动作形态以及着装场景，如婚礼服，新娘从通道上通过时通常会拖动一个很长的裙裾，若使身体活动最不受限制，就应该尽量少的考虑服装的结构，而是依存身体自然的活动结构来安排设计（图2-45，图2-46）。

在观察总体视觉效果上，人体与重力的关系也很重要，躯干和四肢所具有的重力不同，走路时身体各部分的平衡性也就不同。所以在设计服装时，要使得总体的服装效果呈现出一种平衡美，就需要在视觉上注重重力的平衡关系。

图2-45 婚礼服裙裾设计

图2-46 婚礼服裙裾设计

如滑冰运动员的服装和鞋都显得轻飘离地（图2-47）；而登山运动员的服装或雪鞋不仅在视觉上有一种厚重感，而且在功能上也起到稳固的作用（图2-48）。

图2-47 滑冰运动员服装与鞋的“轻”设计

图2-48 登山运动员服装与鞋的“重”设计

【经典服装设计案例】

1. CHRISTIAN DIOR品牌介绍

自1946年创始至今，CHRISTIAN DIOR一直是高级女装的代名词，也是从传统服装成功转型为现代服装的最重要的品牌之一。它秉承法国高级女装的传统，始终保持华丽耀眼的设计路线，迎合上流社会成熟女性的审美品位，象征着法国时装文化的最高精神。

2. 品牌经典款式及风格

说到CHRISTIAN DIOR品牌，不得不提的是其品牌创始人CHRISTIAN DIOR以及他所设计的经典New look系列。1947年第二次世界大战以后，人们尝试着从惨痛的战争经历与生活中解脱，当时的女性为了应对战时后方男人的短缺，纷纷参加工厂或农场的劳力工作，所以当时的服装风格，毫无时尚感可言。而就在此时，CHRISTIAN DIOR举办了第一次服装秀，他所设计的服装大胆地凸显女性身段的婀娜多姿，不但运用精巧的肩线凸显女性丰润的胸型，也因为缩紧腰部线条并在臀部加垫，使得充满女性魅力的身体线条毫无保留地显现在世人面前，展现出优雅华贵的风貌。这个创举对当时的服装界带来了革命性的震撼，巨大的影响力至今仍未消褪。

New LooK使得CHRISTIAN DIOR一举成名，接下来他推出的不对称裙子、垂直型服装、O型、A型、Y型、H型、郁金香形、箭形等独具匠心的系列设计，让他始终走在时尚的最前沿，并直到今天仍然深深影响着现代设计师的设计观（图2-49，图2-50）。

图2-49　新风貌的款式是对巴洛克风格的改进，在突出了女性特征的同时，使服装更加简洁，方便人体活动

图2-50　“新风貌”的典型款式

3. 品牌现任设计师与品牌现状

CHRISTIAN DIOR去世至今已五十多个年头，多位接手的设计师却让他的品牌名声越来越响亮。英国时尚话题人物John Galliano引领DIOR成为世界流行界的瞩目焦点。

每一季的时装秀，John就成功的从CHRISTIAN DIOR先生的设计中获取灵感，并将经典设计与现代潮流巧妙融合。

时装总是在不断前进，经典品牌也在一代代传承，不同的继承人与设计师在保留品牌精神的同时必须不断创新，才能使经典得以长远发展。如今，CHRISTIAN DIOR的品牌范围除了高级时装，早已扩展到香水、皮草、内衣、化妆品、珠宝、手表、眼镜、鞋子甚至是家饰品等领域，它在不断尝试、不断创新中保持着优雅的风格和品味（图2–51~图2–60）。

图2–51 迪奥2004年春夏高级定制

图2–52 迪奥2007年春夏时装发布

图2–53 迪奥2010年春夏高级定制

图2–54 迪奥2010年秋冬时装发布

图2–55 迪奥2011年春夏高级定制

图2–56 迪奥2011年秋冬高级定制

图2-57 迪奥2012年时装发布

图2-58 迪奥2012年春夏时装发布

图2-59 迪奥2012年春夏成衣作品

图2-60 迪奥2012年秋冬时装发布

设计项目课堂实训

以迪奥品牌服饰为设计灵感源，剖析其形成原因、款式风格、内外结构，面料及装饰特点和纸样、裁剪、缝制特性等，通过归纳、总结、演绎、升华，进行现代服装系列设计。

◎ 设计要求

1. 设计一个系列（3~5套）创意性时装。

2. 设计作品所用面料需进行面料二次设计。

3. 设计作品中需包含对中国传统艺术要素的现代演绎。

4. 设计作品包括服装、头饰、化妆、配饰等设计。

5. 作品应将传统经典与现代时尚充分融合并有效表达。作品定位准确，紧扣主题，创作手法不限。

第一步：

学生根据项目案例的具体要求进行调研（包括品牌历史调研、设计师调研、经典作品调研、受众特点调研、市场调研等方面），将调研结果分类、归纳、总结，以图片搭配文字的形式整理成页。

第二步：选取中国传统艺术要素进行分析、提炼、演绎。

第三步：进行现代创意服装设计（初稿）图2-61）。

图2-61 设计初稿

设计分析：

褶的运用——活褶、褶裥，横向的、纵向的、斜向的，平行的、发散的，在不同厚薄、质感的面料上灵活运用。

优点：贴近主题，视觉冲击力较强，创意性较强。

缺点：设计手法单调；时尚感差；四款服装款式都显得过于紧凑、封闭，且长度缺乏变化；服装缺少留白，容易视觉疲劳；服装的节奏感不强，应做到疏密有致；造型单一——X型，缺乏变化；对于服装成衣的制作、实现考虑的太少，缺乏可穿性。

在服装款式设计的过程中，千万不要忽略了对于面料的选取以及对面料的二次设计。图

2-62~图2-65中将一粒粒的小珠子绣在纱布上，珠子排列成的花纹图案与纱布的半透明质地产生若隐若现的朦胧感，使得服装的空间感加大，同时也减小了服装厚重的视觉效果；图2-66~图2-69中将厚度和硬挺度适中的毛料运用了毛线装饰手法；硬挺的仿牛仔棉质面料里还掺杂着金属丝，光泽性大大提高；红色丝绸面料的二次处理上运用了比较传统的刺绣方法；金线、亮片都成为重要的装饰手段。

图2-62 面料二次设计

图2-63 面料二次设计

图2-64 面料二次设计

图2-65 面料二次设计

图2-66 面料二次设计原料

图2-67 面料二次设计原料

图2-68 面料二次设

图2-69 面料二次设计

第四步：在初稿的基础上，进行一系列的完善改进，每一稿都应认真分析优缺点，这一点非常重要。相对于第一稿，第二稿有了很大改进（图2-70，图2-71）。

第二稿优缺点：增加了一些设计手法；在时尚感方面有了一定的改进，增加了一个服装款式，增强了系列感；服装的线条得以软化，但服装仍显得封闭、沉闷、过于紧凑；节奏感、造型、服装的可穿性方面有了一定的改进，但仍有待提高，细节处理得以深化，对服装制作的实现有了切实的考虑，提出了一定的解决办法和修改方案，但仍不成熟。

图2-70 设计效果图的完善

图2-71 设计效果图的完善

较之前两稿，第三稿的优缺点是：

充分的考虑了服装的细节处理及实现，特别是服装配饰，如鞋、帽、手袋等都做了细节的设计处理；将服装系列归纳整合为四个款式的组合；每款都各具特色，且又有无形的紧密联系；增强了时尚感；服装的线条明朗，变化丰富，疏密有致；但服装仍显得封闭、沉闷；节奏感、造型、服装的可穿性方面有了较大改进（图2–72）。

图2–72 设计效果图的完善

第五步：以完成稿的形式完成系列服装设计。

修正设计的不足，完善设计的整体和细部，充分考虑成衣的制作实现，通过款式的适当修改解决服装成衣实现的难点及不可实现的部分，这是第五步的主要工作（图2–73）。

以上服装系列设计将服装面料颜色、质地进行了较大的调整，以减轻面料的沉重感，打破服装过于封闭的观感；通过各种面料二次设计方法增强节奏层次感、时尚感和设计感；通过成熟的服装配饰设计完善服装的整体性，等等。

设计作品点评

整个设计系列主题明确，处处流露着DIOR古典主义风格，且注重装饰与形式感的表现；在造型设计上突出表现了服装三维立体的形态，传达出强烈的视觉效果；细节设计采用了近年来流行

图2-73 设计图完成稿

的珠片，花边等元素，突出了复杂的女性化装饰特点；不足之处是对流行把握度有待提高，整体设计节奏感不够强，色彩运用保守。

优秀作业点评

图2-74设计作品很好的反映了服装与人体之间的关系，通过明朗的外轮廓线将真实的三维人体柔和的表现出来，而且通过从脖颈、胸部、腰部到腹部的连续曲线线型将女性柔美的肩颈、丰满的胸部、纤细的腰部和丰腴的臀部曲线勾勒的更加美丽和富于立体感。另外，各种线、面设计也体现了本套服装丰富的层次，给人以视觉美感享受。

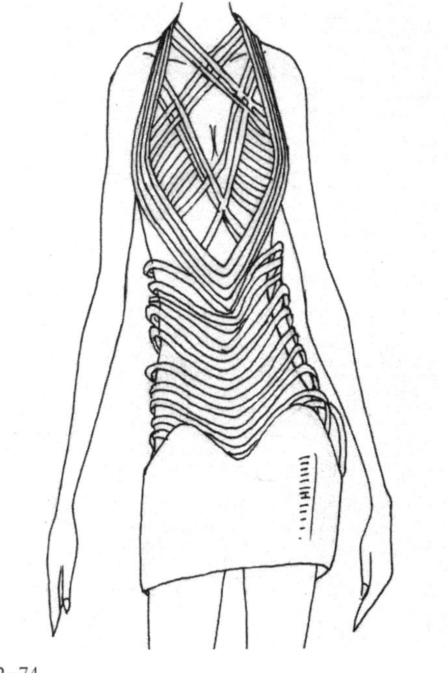

图2-74

图2-75的设计作品在处理人体与服装的关系时，不仅充分尊重了人体的结构特点和活动要求，而且在这个基础上尽最大可能发掘服装空间造型潜力——服装造型具有强烈的视觉美感、丰富的层次美感和三维空间的创意联想，并且通过巧妙的服装结构设计，例如通过省、褶和破缝线等达到服装造型的实现。

图2-76设计作品巧妙的将男装元素运用到女装设计之中，成功的通过男装元素与女装元素天衣无缝的结合表现出女性的性感优雅，而又略带帅气、酷感。另外，它通过帽子和服装的连体设计创造出一种特有的空间感，与人体的三维空间形成对比，使服装更具层次感和趣味性，突显服装设计的创意性，使男装元素表现的更加出色。

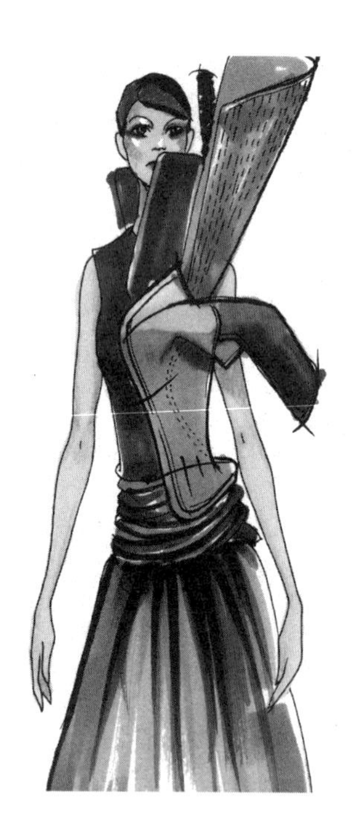

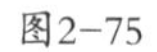
图2-75

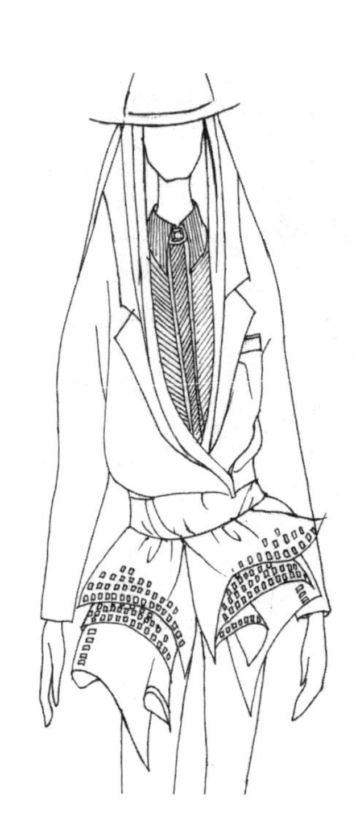

图2-76

思考与练习

1. 了解人体基本结构，并熟记人体各部分的比例关系。

2. 说出人体与服装的关系有哪些？

3 服装的轮廓结构

作为人类“衣食住行”四大必备要件之首，服装已经陪伴人类走过了漫长的曲折岁月，从原始社会的兽皮、藤草，到棉布、麻葛，再到现今的莱卡、大豆纤维、竹纤维等各种高科技面料的相继问世，服饰面料发生了翻天覆地的变化，与此同时，服装款式、轮廓、结构也发生着惊人的改变。

★ **服装款式**

服装款式（style）是指服装的式样，通常指形状因素，是造型要素中的一种。

★ **服装轮廓**

服装轮廓（silhouette）即服装的逆光剪影效果。它是服装款式造型的第一视觉要素，在进行服装款式设计时，服装轮廓是首先要考虑的因素，其次才是分割线、领型、袖型、口袋型等内部的部件造型。轮廓也是服装流行发展中的一个要素。

★ **服装结构**

服装结构（construction）是指服装各部位的组合关系，它包括服装的整体与局部的组合关系，以及各部位外部轮廓线之间的组合关系，各部位内部的结构线以及各层服装材料之间的组合关系。服装结构由服装的造型和功能所决定。

第一节 无定形服装

无定形服装是对特定服装的款式和结构特点的综合表述，它是指定款式廓型不固定，随着人体动态变化而变动，而结构设计也相应体现其款式廓型不固定特性的服装。

无定形服装是人类衣橱的重要组成部分，它的历史最为悠远，受众人群最为广泛，生命力最为旺盛，其外观独具动态美感，是给人无限遐想的服装类型。

无定形服装的历史可以追溯至人类衣服之始。当时，不管是尼罗河流域还是黄河两岸，早期的人类所着的服装基本上都为无定形服装，这种现象背后的原因可以归结于物质条件的艰苦、落后的生产力和恶劣的自然条件。

早期无定形服装在服装面料、款式和结构设计上都相当简单，但不管是宽大、多褶的袍服样式还是小巧、性感的遮羞布款式都弥漫着浓烈的古典主义气息，在举手投足之间体现出服装与人体水乳交融的亲密关系和难以形容的服装动态美。

图3–1所示青铜女像为公元前250~220年间的古希腊作品，女舞者的着装为典型的无定形服装风格，没有任何结构分割的面料将女子从头至脚围裹的密不透风，看似极简的着装却将着装者美妙的身体曲线刻画的淋漓尽致，且将其舞动的身体张力充分的表现出来。从服装的细部效果来看，纵向、横向、斜

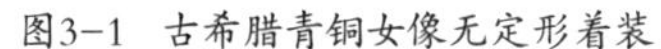

图3-1 古希腊青铜女像无定形着装

图3-2 古希腊陶器上的男女人像无定形着装

图3-3 古罗马壁画人物的无定形着装

向，或深或浅、不同曲度的面料褶皱形态使极简的服装给人以丰富的视觉感受，流动的线条表现出人体的动态美，冰冷的铜像仿佛被注入了魔法，美人呼之欲舞。

公元前440年的古希腊陶器上的男女着装也都为无定形服装，矩形面料经过简单的折叠、系扎、别和后披挂、围裹，附着在自由的躯体上，随着人体的移动巧妙的体现着人体与服装的关系，优美的皱褶无法掩饰健美、性感的人体（图3–2）。

公元1世纪古罗马的《西提萨斯猎杀了人身牛头兽》壁画中，英雄西提萨斯和被救儿童身上所披的面料可谓是无定形服装的极致，不仅形式极简，而且也很难蔽体（图3–3）。

历史进入到了中世纪，由矩形面料简单拼接的服装结构已经不能满足人们的服装审美要求和功能性要求，欧洲服装从哥特时期开始明确的向胸腰臀三位一体的立体造型方向发展，历经文艺复兴、巴洛克、洛可可各段时期，服装款式都明显具有硬造型的特征，结构的复杂、完备以及填料、支撑的广泛运用和贴体性设计都造就了“稳定形式”特点的服装。及至近现代，虽然臀垫、裙撑、服装填料已鲜见，可形式稳定的服装仍然是整个服装家族的主体。

巴洛克时期的欧洲典型服装特点为立体结构造型服装，追求形式稳定、造型明确。但是，无定形服装在这样的大背景下仍占有重要的一席之地，教皇英诺森十世的肖像画中，教皇的着装虽然并非简单的面料披裹，具有一定的结构设计含量，但平面化的造型特点，宽大、多褶的衣身，极其简单的结构线，不仅表现出无定形服装的主体特点，而且这种服饰风格在文艺复兴时期及其之后的很多年中广泛的被神职人员服用，说明欧洲人的精神深处仍然对无定形服饰风格非常迷恋（图3–4）。

无定形服装凭借其特殊的美感和无限的创造性一直存在于人类服装的历史长河之中，在每个历史阶段发挥着作用，尤其是在追求个性的当代社会，无定形服装越来越多的得到世界各国人的青睐，且成为了服装设计创新的突破口（图3–5~图3–7）。

人类着装之始，全球四大文明摇篮虽然相隔甚远，但服装款式、结构却有很多相近之处，无定形即是当时服饰的共通之处。

图3-4

图3-5

图3-6

图3-4 教皇英诺森十世像，1650年，其服饰透露着无定形服饰气息
图3-5 CRISTOBAL BALENCIAGA1965年推出的浅蓝色绸缎晚礼服。本套礼服并没有褶饰的堆砌，将简约的现代设计和无定形服装风格特点完美的结合在一起
图3-6 白色雪纺绸晚礼服高雅迷人，透露着无定形服饰气息

图3-7

图3-8

图3-9

图3-7 半透明的晚礼服高雅迷人，透露着无定形服饰气息
图3-8 南北朝时期画像砖上的人物服装表达了无定形风格
图3-9 三宅一生作品中的无定形服饰气息

南北朝时期的画像砖上两位云髻高耸，舒袖飘拂的贵妇人仿佛仙子一般。从两人的着装来看，服装的平面性和线、面表达明确，结构模糊的软线条表达了服装的无定形风格（图3–8）。

随着社会生活的改变，欧洲人渐渐的将形式稳定的服装作为自己衣橱中的“面包和黄油”，在相当长的一段时间里，对其极尽追捧，但是，东方人却一直对无定形服装情有独钟，对其“不定”的形式美感和无限的幻化能力着迷，可以说，东方人依赖其特殊的生命哲学、审美哲学倾向造就了一个又一个的无定形服装奇迹。例如，三宅一生设计作品不停地拷问着人体与服装的关系，通过特殊质地的面料和松散的结构将一套服装幻化出多种廓型，充分体现了服装的无穷潜力和内涵，也散发着无定形的浓烈气息（图3–9）。

第二节 服装的二维平面性和三维立体性

一、服装的二维平面性

服装的二维平面性指的是服装在正常穿着状态——包括静止和运动状态下，给人以二维平面空间特性的视觉印象，不强调纵深的感觉。它包括二维平面结构服装和通过视错表现二维空间的三维立体结构服装（图3-10，图3-11）。

通过视错，在三维结构服装上表现二维平面性的设计手法有很多种，例如：

1. 在服装的正面和背面完整的展示强调二维空间的图案，而在服装的侧面不加入任何设计点，使观察者忽略服装侧面的存在（图3-12）。

图3-10 服装的二维平面性

图3-11 服装的二维平面性

图3-12 服装二维平面性的设计手法

2. 简化服装正面和背面的结构线设计，使用同一质地、颜色的面料完成服装的制作（图3-13）。

3. 强化静态“点”的设计，将静态“点”设计在人体的正面或者背面动势弱的位置，将人的视觉集中吸引至此点，并且强调此设计点的静态显现（图3-14）。

二、服装的三维立体性

服装的三维立体性是针对于服装的二维平面性而言的，它指的是服装在正常穿着状态——包括静止和运动状态下，给人以三维立体空间特性的视觉印象，强调纵深的感觉。它包括三维立体结构服装和通过视错表现三维空间的二维结构服装（图3-15~图3-17）。

无论是T台上还是街头，三维立体性服装都占据着服装的绝大部分，很多设计师通过在二维平面结构服装上进行三维立体性视错设计提升服装的趣味性、设计性、艺术性和美感（图3-18，图3-19）。

图3-13 服装二维平面性的设计手法

图3-14 服装二维平面性的设计手法

图3-15 服装的三维立体性

图3-16 服装的三维立体性

图3-17 服装的三维立体性

图3-18 服装的三维立体性视错

图3-19 服装的三维立体性视错

三、服装结构的二维平面性和三维立体性

人类早期服装的结构普遍具有二维平面的特点，服装的主体和各个部件通过各种组合关系构成的服装实物强调“面”的特点，都可以平展的放置于任意一个平面上（图3-20，图3-21）。

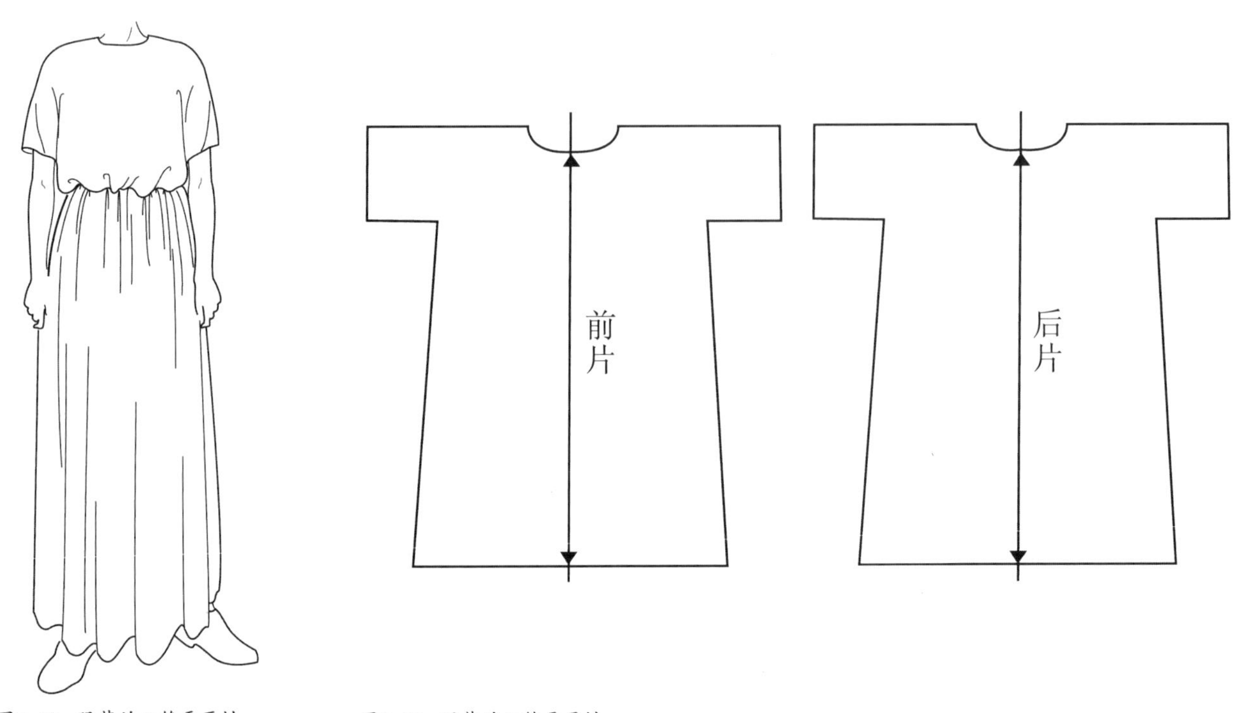

图3-20 服装的二维平面性　　图3-21 服装的二维平面性

服装结构的二维平面性在东方，特别是在中国持续了相当长的时间，时至今日，我国少数民族聚居地区的人们在日常生活中还穿着具有典型二维平面性的民族服装（图3-22）。

具有三维立体性结构的服装起源于欧洲中世纪早期的哥特时期。哥特式服装不仅从外形上强调锐角三角形轮廓，而且在女装中加入了楔形布片，使服装结构发生了从二维平面到三维立体的质的转变，开始强调服装“体”的空间概念，使服装与人体的胸腰臀立体造型产生三维契合的关系。从此以后，欧洲及至美洲的移居者开始热衷于服装立体造型的塑造和强化，通过各种结构设计手法制作出了强调人体，甚至扭曲人体正常形态的三维结构服装。

到20世纪初，随着科学技术和人类文明的发展，三维结构服装开始脱离摧残人体的病态发展方向，人们通过省、破缝、褶裥等服装结构元素的运用，使服装贴近人体、体现人体曲线，但同时又与人体保持必要的舒适空间，使三维结构服装向着满足人体机能性、体现自然人体美感的方向前行（图3-23）。

20世纪，随着信息业的飞速发展，各地区的民族文化在全球的广泛传播，三维立体结构服装进入到了如中国、日本、韩国等以二维平面服装为主的东方国家，并且以惊人的速度普及开来，成为全世界各国人的普遍着装形式 （图3-24）。

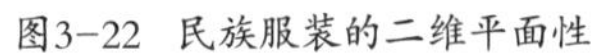

图3-22 民族服装的二维平面性

图3-23 现代三维结构服装

图3-24 现代三维结构服装

近几年，无论是T台上还是日常生活中，设计师和追逐时髦的“时尚达人”开始注重人体与服装“大”距离立体空间的塑造，使服装的三维结构更具创意，将服装结构设计和款式设计推上了一个新的高度，给人以无限的美感和愉悦感（图3-25，图3-26）。

图3-25 现代三维结构服装

图3-26 现代三维结构服装

第三节 立体结构服装廓型的历史演变

在人类服装史上，虽然立体结构设计手法在男装和女装中都有体现，但是，不论是男子形体特点的客观原因，还是人类对服装塑造男性形体的心理诉求表现，都体现出轻男子、重女性的特点，所以在本节立体结构服装廓形的历史演变分析中，我们将女装作为研究的重点，并以女装结构和廓型特点作为历史分段的基础。

一、立体结构服装萌芽时期——中世纪中期

公元11~12世纪的欧洲服饰完成了一次重要的融合，即古罗马和拜占庭的宽衣文化与日耳曼固有的窄衣文化的融合，欧洲人此时敏锐的发现人体与服装结构之间的微妙关系——胸腰臀围度差别和原始的面料余缺处理手段。从此时开始，女装结构开始变的复杂起来，纸样形状打破了矩形、椭圆形、圆形等基本图形，向着接近人体外轮廓的方向迈进了一大步，而且女装已经做了明显地合体性处理——通过裁去不符合身体曲线的多余布料来实现合体性，这一点在欧洲女装由平面向立体转化的过程中起着非常重要的作用，人们已经开始理解人体的外形特点和它与服装的关系，意识到人体体干部分是由两个倒扣的近似圆台的台体组成，腰部最细，而服装要和身体契合，必须减少腰部布料的面积。

两侧开口收腰的托尼卡，在腰部的侧缝处裁去一块半椭圆形布料，在侧摆处加入三角布来增大臀围量以及下摆量。由于做了收腰处理，此件托尼卡的穿着效果与古希腊、古罗马时期雕塑般古典美的托尼卡相比，变得柔美了许多。不足的是这件托尼卡的余缺处理还只局限于女装的侧缝上，没有脱离二维结构的限制，这样的结构处理造成了服装表面有不美观的褶皱；又因为这件女装并没有把女性人体的乳突点作为上体的重要参考点，所以女装的合体性问题解决的很不理想（图3–27）。

图3-27　经合体性处理的托尼卡

在背后开口收腰的托尼卡，这是对女装合体性的另外一种尝试。这件托尼卡不仅腰部侧缝挖去了椭圆形布料，而且还在后片处从后颈点到臀围以上剪下一块楔形布料，通过挖气眼、系带的形式使服装合体，这种方法有两个优点，首先，具有非凡的装饰作用——不同颜色、形状的气眼和绳带可以组合出或细腻、或粗犷、或古典、或前卫的多种风格，其次，更大程度上解决了服装合体性，即三维空间造型的问题（图3–28）。

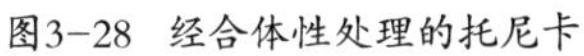

图3-28　经合体性处理的托尼卡

二、立体结构服装形成时期——哥特式时代

哥特式时期，即公元13~15世纪是欧洲服装史上的一个重要转折点。这一时期，服装的裁剪方法发生了质的改变，“省”的诞生改变了之前的平面服装结构——三维空间的窄衣基型形成并迅速发展起来，取代了二维空间构成的宽衣形态的主体地位。

图3-29中女子穿着的长袍与人体上身轮廓细密贴合，而下半身呈放射状展开，呈现出一种上紧下松、上轻下重的女性美感。与此前的女装结构图相比，此套服装的结构相当复杂，大身部分共十三片衣片，结构线十四条，每片衣片都是不规则的形状，每条结构线都是非规整的直线，最重要的是所有的结构线不但承担了连接衣片的作用，还具有更重要的增缺减余的作用，也就是现今服装中普遍采用的省道的作用。与前面提到的中世纪中期的女装结构相比，格陵兰长袍最大的不同就是已经明确的解决了人体三维空间结构的问题，明确了服装的侧面造型，服装的正、侧、后三维空间清晰可见。

但是，这时的服装还主要体现的是“软结构”特点——通过立体结构设计，面料自然柔顺的呈现人体上半身的自然曲线和下半身飘逸、垂坠的A字形造型。

图3-29 哥特式时期的格陵兰长袍效果图和服装结构图

三、立体结构服装极端强化时期——文艺复兴时期开始，至近代末

如果说哥特式时代是“软结构”服装立体廓型，那么，之后的 4 个世纪里，如建筑一般的“硬结构”担任了欧洲服装发展的主角。

结构是服装廓型形成的基础，立体结构设计手法为夸张胸腰臀（三位一体）的欧洲服装立下了汗马功劳。无论是文艺复兴时期的德意志风女装、西班牙风女装，还是洛可可时期的法国式、波兰式罗布，乃至强调侧面立体造型的S型女装，都大量使用了精道的大曲边省型、密集的活褶及固定褶、或笔直或大曲度的破缝线等结构形式，而对于面料性质的发掘和综合应用也大大提高了服装结构的塑形能力。

图3-30 文艺复兴时期女装款式图

文艺复兴时期的女装不但立体三维造型明确，而且追求硬朗的X造型，图3-30和图3-31是文艺复兴时期典型的女装款式及其纸样结构。立领、V字型前片束腰的紧身上衣、外垂袖、内合体袖、衬裙、多褶膨起的外裙构成了这款典型的贵妇人女装。

此款女装通过特殊的结构设计和款式设计达到强化的立体效果。

特殊结构设计一：上衣前襟呈明显的反S型，这个S实质上是包含了三个省——一个从领口指向胸围线（胸围线与前中心线交点），一个从腰线指向胸围线（胸围线与前中心线交点），一个从腰围线指向半臀围（半臀围线与前中心线交点），这样的结构设计在人体前中线上强化了胸、腰、臀的三维立体效果。

特殊结构设计二：下体裙装展开量主要是通过腰间整齐、大量的褶饰和侧缝中加入的楔形布片来实现的；还有一部分是通过布料的旋转得到的——紧身上装前中心呈V字形，底端越过

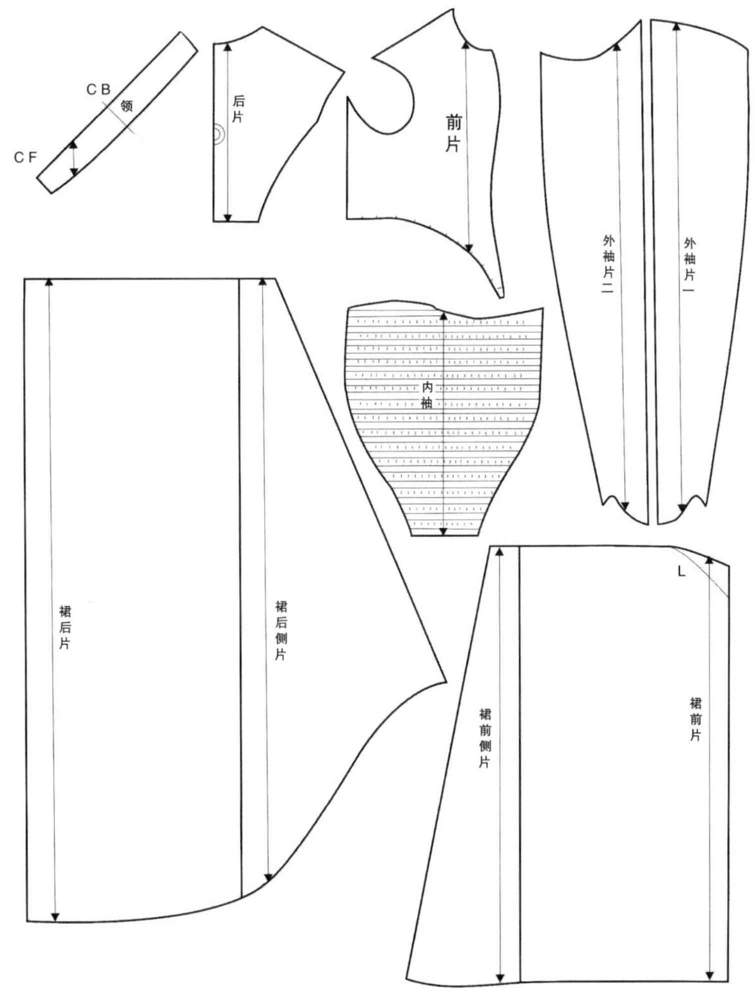

图3-31 文艺复兴时期女装结构图

腰际线，这样就造成下体裙装在与之连接的时候下摆布料向左右展开。

特殊款式设计：肩线的向外延伸和肩线与前片的倒锐角三角形本身就在视觉上给人以形式感，女性的丰胸和细腰通过这种线形表现出来,使人们产生视错。

四、现代的服装立体结构

20世纪初，随着裙撑、臀垫、盔甲般的紧身胸衣的日渐消亡，夸张的服装立体造型慢慢的得以弱化，体现人体自然三维形态的服装结构不断的丰富发展，设计师开始研究更加柔和、简洁，穿着更加舒适的服装结构设计方法，如何通过创新性的服装立体结构设计方法，而非运用支架、衬垫、填充物等支撑物塑造出形式感强的立体造型时装，成为时尚业界的研究焦点。另外，工业化批量生产加速了服装结构的简化进程，三角形的省取代了曲边省，小弧度的破缝线取代了大弧度、多曲度的破缝线，面料的使用量也大幅缩减。

图3-32现代晚宴女装，它是由一件连身长裙和一件合体外套组成。整套服装线条流畅，与身体的契合性很好，通过微妙的三维立体结构设计自然的呈现出女性人体的优美曲线。

图3-32 现代晚宴女装款式图

【经典服装设计案例】

洛可可时期的女装可以称之为服装史上的耀眼明珠，而宽身女袍更是集洛可可风格之大成。宽身女袍的特点是前后造型的戏剧化对比——裙子正面面料平整、结构严谨，裙子背面面料堆砌，结构自由。服装整体外观柔美、轻盈、飘逸、性感，面料柔软、奢侈、光洁，而且多选用细腻、浅淡的颜色。从正前方观察，宽身女袍呈标准的X型，整形作用强大的上身内衬紧紧勒在女性并不强壮的身体上，塑造出并不真实的瘦窄腰部和与之相对的性感胸部，外衣也合体平挺，领口很大，与内衬共同遮盖了真实的身体，塑造出夸张的人体特征。而腰部以下相连属的裙子却骤然膨大，形成一个具有静态感的女性下体空间。这个空间的形状在洛可可的前、中、后期是不同的，例如，前期仍延续了上一时期的钟型外形，到了中期就演变成前后扁平、左右横宽的椭圆形，后期竟然变成了臀垫样式（图3-33~图3-37）。

图3-33

图3-34

图3-35

图3-33 画作中的贵妇人身着上身紧小，下身蓬大的女袍，从正面夸张的体现X造型
图3-34 画作中的女性身着典型的洛可可女袍，后背的巨大褶皱排列呈现出服装宽松离体的效果
图3-35 图中皇后穿着的女袍突出了丰胸、细腰和肥臂设计，巨大的裙撑塑造了静态感的女性下体空间

图3-36

图3-37

图3-36 图中贵妇人穿着洛可可中期样式的宽身女袍，夸张的造型突出了性别区分
图3-37 图中的蓬巴杜夫人身穿当时流行的洛可可宽身女袍，前紧后松的设计将面料特性充分表现出来

图3-38　洛可可时期宽身女袍

下面我们就以一款经典的宽身女袍作为案例，对其款式和三维立体结构进行具体分析。

图3-38所示宽身女袍的正面上半身紧身合体，突出丰胸细腰，下半身裙幅横向展开，呈现出前后扁平、左右横宽的椭圆形；从后方观察，这件飘逸的女装却给人以宽松离体的感觉。服装的背部领围处设计了多个大型的褶饰，所以质感极佳的面料从上至下形成大而不定形的流畅褶皱线条和空间体积感，随着穿着者的步履飘摆荡漾，性感的身体完全隐匿于音乐旋律般美妙的服装之中。

根据图3-39所示可以看出，此款宽身女袍的结构具有以下特点：

第一，它依靠褶的处理来满足合体性的要求，这既解决了服装的合体性，又增加了服装的设计性。前胸部的褶做工非常复杂——所有褶饰虽然方向一致，但全部都是曲线形式，而且曲率也有不小的变化。这虽然会使服装更接近人体，但却大大的提高了加工难度，这样的设计在现今的机械化大生产条件下是不容易被采用的。

洛可可时期女装中固定褶的应用不仅体现在胸省转换上，勾勒裙撑外形的裙身也大量使用了固定褶。固定褶的应用不仅可以更好的体现造型，而且在实际应用时，可以随着流行的变迁修改褶饰的大小和方向来配合不断改变的裙撑造型。

第二，这款典型的洛可可中期宽身女袍不仅是上下相连属的，而且是一块布料裁制而成。这说明欧洲人已经较熟练的掌握了服装结构特点和布料的特性，在裙撑变为椭圆形的挂篮裙撑时，服装结构在客观上能够实现一片布料的上下衣身的联合裁制，所以聪明的裁缝立刻采用了腰部无破线的女装结构，以保证布料色彩、图案的完整性和最佳表现力。图中女装上下衣身枝叶花卉图案一气呵成，没有任何的断折，与身体的起伏明暗相映成趣，而且下身裙撑撑起的大面积布料也是由十幅面料拼接而成的，接缝都是直线与直丝的拼合设计，所以更容易保证图案的连续完整。

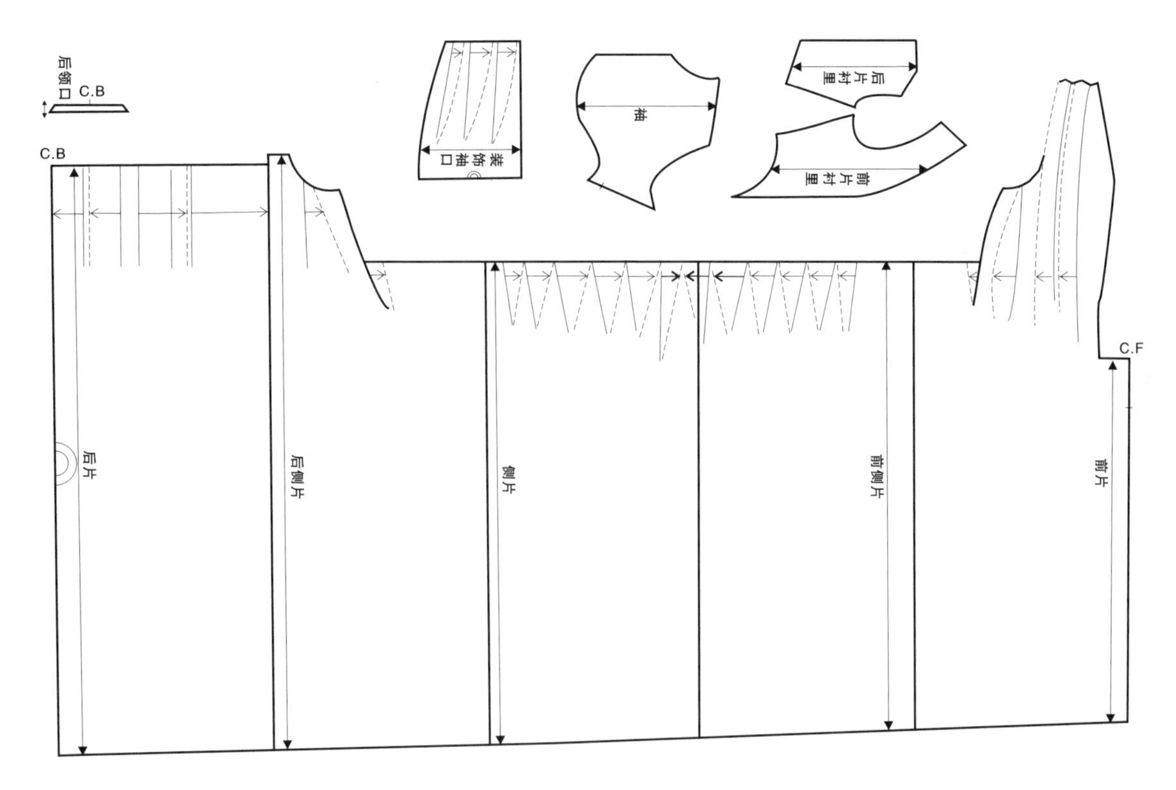

图3-39 宽身女袍结构图

第三，为什么宽身女袍能呈现前紧后松的造型呢？洛可可时期在结构上是如何解决这一造型的呢？答案就在这款女装的内外衣结构的结合应用上。

在纸样结构图中，女装上身紧身衬布是由前后两片衣片组成，在侧缝缝合，缝合线形成巨大的腰省，这样就实现了紧身胸衣衬布紧紧裹住身体的要求，另外还通过其前片前襟处的搭袢或后中心的绳带调节胸省的大小和松紧程度。而整个裙片的前部完全与紧身胸衣衬布贴合连接。裙片下半部分与裙撑连接在一起，这样就固定了整个女袍“前紧”的状态。又由于上身紧身胸衣衬布的固定作用和下半部分裙子和裙撑的固定连接，使得后背大量的褶饰所产生的布料只能在背部的范围内活动，而无法越过侧缝影响前部的服装形态，“后松”的要求也被很好的满足。

最后，在紧身胸衣衬布和裙片的纸样图中还保存了过肩的设计，这样不仅避免了前片肩头难看的布料连接，而且也缓解了肩头承重部位的拉伸变形，这一点在服装用料多、体积大的情况下应该给与考虑。

设计项目课堂实训

◎ 项目案例

以近现代典型的立体结构服装廓型为设计灵感源，剖析其形成原因、色彩特点、款式风格、内外结构，面料及配饰特点等，进行现代服装系列设计。

◎ 设计要求：

1. 设计四个不同风格的系列服装

2. 每个系列包括3~5套成衣时装。

3. 系列作品的结构设计必须严谨，注重科学性和创新性。

4. 设计作品包括服装、头饰、化妆、配饰等设计。

5. 作品应将传统经典与现代时尚充分融合并有效表达。作品定位准确，紧扣主题，创作手法不限。

设计过程分析：

第一步：

学生根据项目案例的具体要求进行调研（包括服装经典廓型、立体结构特点、颜色搭配原则、特定时期的服装品味和风格等方面），将调研结果分类、归纳、总结，以图片搭配文字的形式整理成页（图3-40~图3-43）。

图3-40 设计说明书封面

图3-41 设计灵感源分析

图3-42 廓型和细节灵感源分析

图3-43 廓型和细节灵感源分析

第二步：根据第一步灵感源分析结果进行各种风格的系列服装设计尝试。

设计草稿一：以高腰线、清晰明朗的外廓型、简练明快的结构线设计为特色，体现20世纪初女装的典型廓型风格，但颜色的选择上不够好，搭配的也不太和谐（图3-44）。

设计草稿二：外廓型简练明快、线条柔和含蓄，结构线设计上注重平面结构和立体结构的结合运用，并将中国元素、民族元素含蓄的运用其中。但在历史经典廓型的把握和提炼上不够充分和深入（图3-45）。

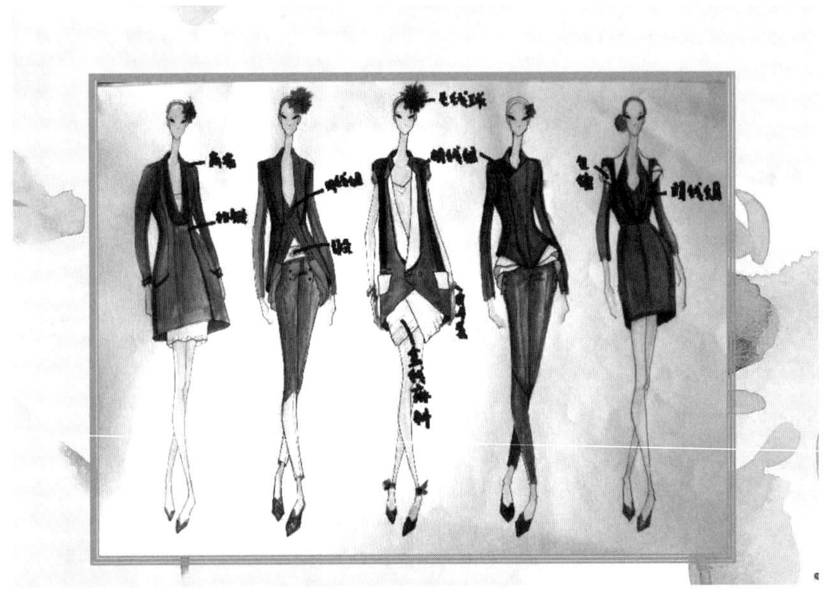

图3-44　设计草图一

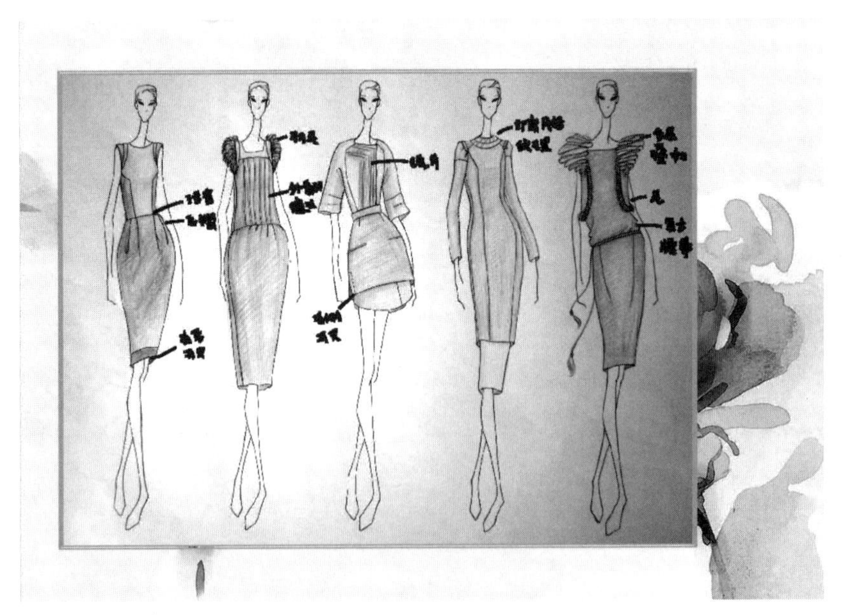

图3-45　设计草图二

设计草稿三：结构线设计很有特色，注重结构线硬线条和软线条的综合运用，但是在服装风格和颜色的协调、统一方面有欠缺（图3–46）。

设计草稿四：在服装细节设计上具有一定的新意，但服装的系列感不强，重点不突出，显得碎，层次感方面也有欠缺（图3–47）。

图3–46 设计草图三

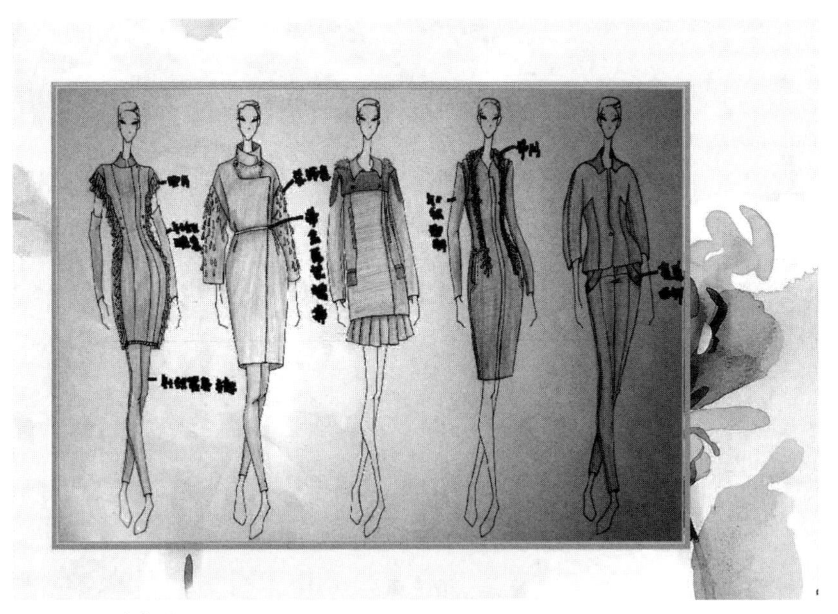

图3–47 设计草图四

第三步：对比以上四个系列草稿的优缺点，选取设计草稿一作为进一步完善的设计稿。

将设计草稿一的系列服装进行颜色上的完善，在领型，裤、裙的长短和结构线设计等细节方面进一步改进和完善，明确每套服装的结构设计要素和特点及细节，绘制完成系列设计作品的效果图完成稿和生产款式图（图3-48，图3-49）。

图3-48 设计效果图

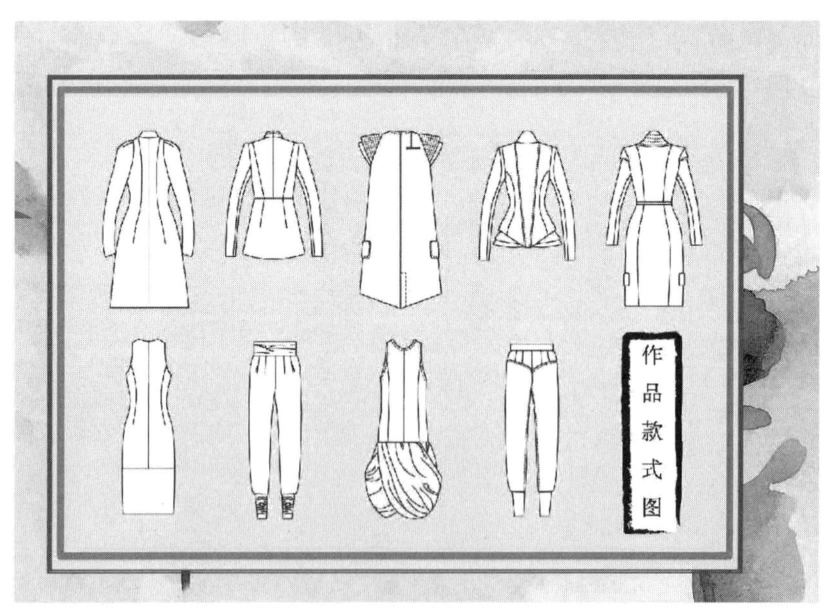

图3-49 生产款式图

优秀作业点评

优秀作业一：（图3-50~图3-58）

点评：本系列作业将东方传统的二维平面服饰特点和西方三维立体服饰风格巧妙融合，借助服装结构之力，将H型廓型、X型廓型、综合廓型等服装轮廓形式充分表现出来，体现现代服装既满足人体机能性又体现人体曲线美感的特点。现今，时尚界大吹东方风、民族风、混搭风，“如何将中国地方元素、传统元素、民族元素应用于现代服装设计之中”已经成为中国服装设计界、乃至世界服装设计界关注的焦点，但真正杰出的作品、经得起市场考验的作品少之又少。本学生作品大胆的将代表天津特色地域文化的天津古文化街作为设计灵感源，将建筑的意境与现代服装流行品味融合在一起，并将海河情节暗含其中，使得作品在艺术性和精神层面胜人一筹。本系列设计作品并没有生搬硬套建筑的框架结构特点、外观质感或图案花纹，而是通过服装的线条、色彩和结构等方面架构起了东西方服装廓形和服饰文化的桥梁。

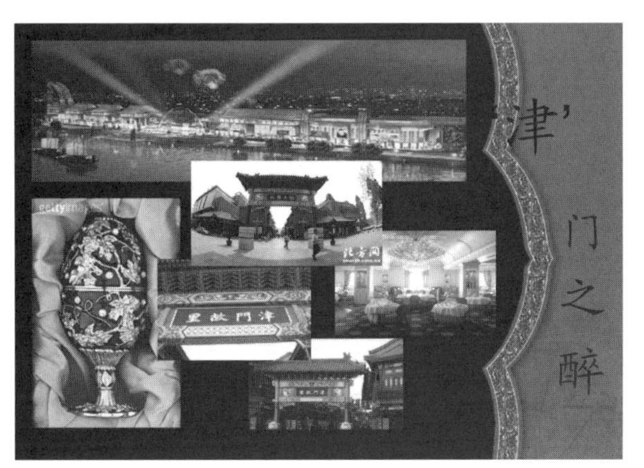

图3-50 设计说明书封面

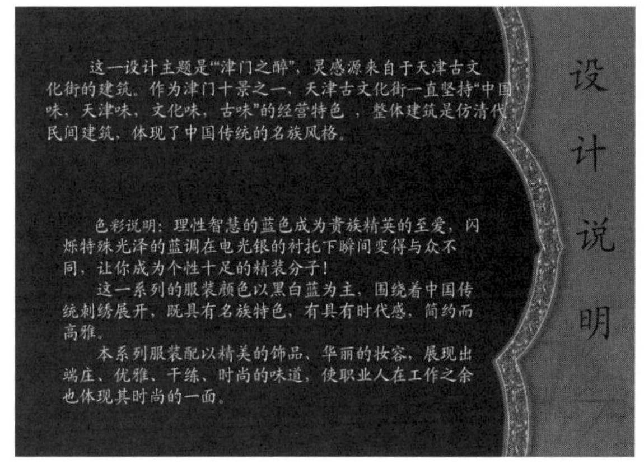

图3-51 设计主题说明

图3-52 色彩提案

图3-53 饰品提案

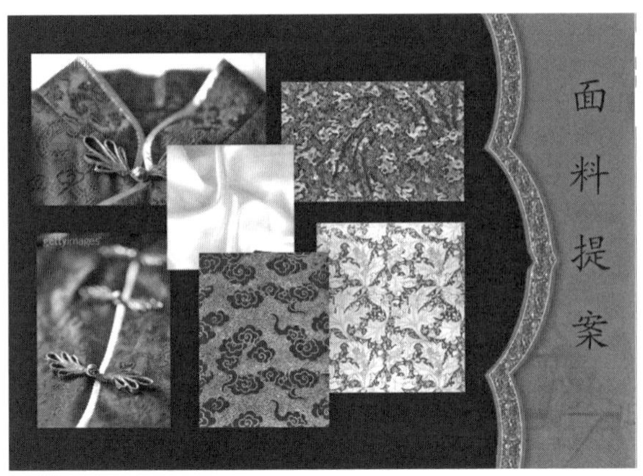

图3-54 面料提案

图3-55 设计效果图

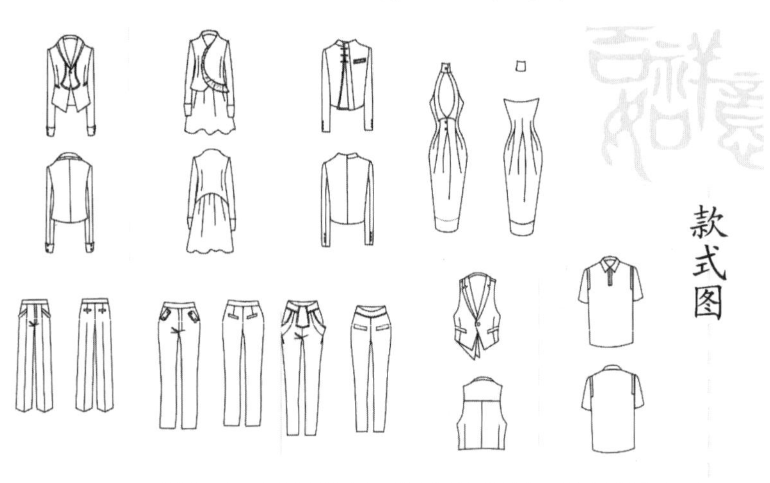

工艺说明：此设计以中国风为主，所以衣服上的刺绣成为此设计的核心，在衣服的领子、大身、裤口袋等多处运用了刺绣，款式简单又时尚。设计主要是以两件套为主，男装都饰以中国风腰带，传统而时尚。文化衫则以海河的渐变色为主，再加上水纹花纹。门襟与袖笼的设计独到，整体设计体现中国风与海河文化。

图3-56 服装款式图

成衣细节

图3-57 服装细节设计

优秀作业二：（图3-58~图3-64）

点评：本系列作品通过线、面组合表现服装的三维立体性。虽然服装只选取了宁静的蓝色，且结构线并没有特殊强调，但由于各种线形的带子围绕在身体的各个部位，所以引导读者的视线随着人体旋转，总体呈现出立体廓型特点。值得一提的是，曲线整齐的排列在一起，给人以面的感觉，由于线、面的特殊转换，立体结构服装也可以具有平面二维的视觉效果。

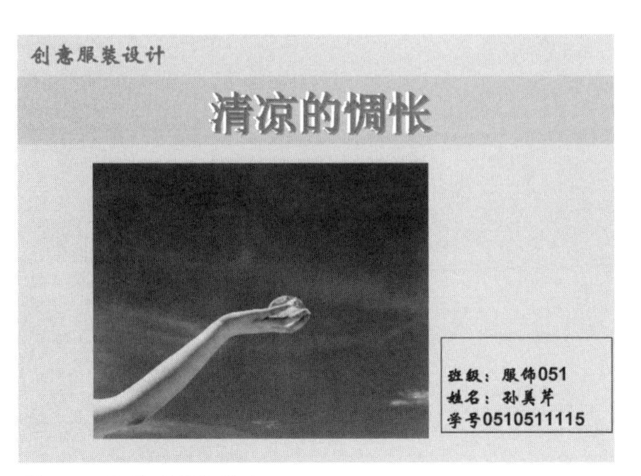

图3-58 设计说明书封面

图3-59 设计主题版

图3-60 色彩提案

图3-61 饰品提案

图3-62 面料提案

图3-63 服装细节设计

图3-64 设计效果图

优秀作业三：（图3-65~图3-71）

点评：本系列“中国风”设计主要是通过视错将立体三维结构服装体现出二维平面效果，通过服装“面”的颜色、形状等方面的表达，结合中国传统的艺术元素营造一种东方的、二维的服饰情趣。

图3-65 设计说明书封面

图3-66 设计主题版

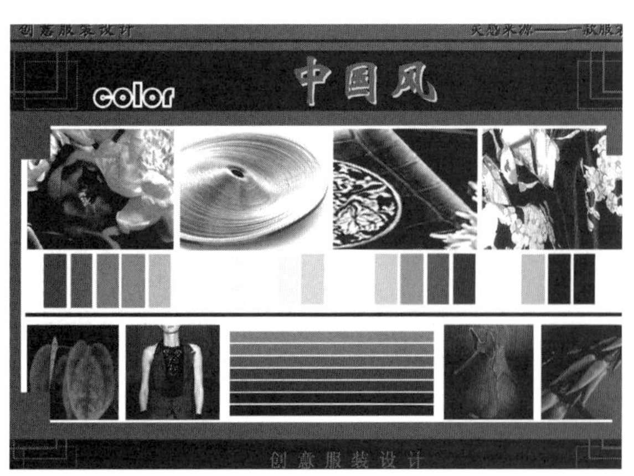

图3-67 色彩提案

图3-68 饰品提案

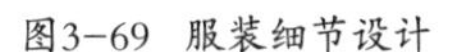

图3-69 服装细节设计

图3-70 面料提案

图3-71 设计效果图

思考与练习

1. 以服装与建筑的关系为灵感源，进行一个系列（4~6套）的现代礼服设计，重点把握服装三维构成的本质。
2. 以中国传统艺术为设计灵感源，进行一个系列（4~6套）的现代运动装设计，灵活运用服装二维结构和三维立体构成的关系。

4 服装设计的基础方法

20 世纪初法国著名服装设计师保罗・波列（Paul Poiret）曾说：“我们的角色和职责是当他（消费者）对他所穿的服装感到厌倦时，我们出现了，准确地、经常性地提出我们的建议，来满足他们的口味和需要。作为一个设计师，我只是比他多一副触角而已……。”

保罗・波列的话语明确指明了服装设计师的工作性质：以人作为对象，运用艺术手法和工艺技术，创造出全新美的形象。服装设计的基础方法就是通过对服装内、外造型设计和服装分割线、省道等方面的设计来达到创新服装款式、美化着装形象的目的。服装设计基础方法的各个部分都是从构成款式的不同角度以及每一部分的构成特点入手的，从某种意义上讲，每一种设计方法其实就是对于人体外空间的设计，所以对于服装内、外造型设计及分割线、省道线设计都是从各自角度去解决、分析、重组、创造人体的外空间。

第一节 服装的内、外造型设计

服装设计包含款式、面料、色彩三个要素，其中款式设计即造型设计，是借助于人体体态以外的空间，用面料和辅料及工艺手段，构成一个以人体为中心的立体形象，产生视觉效果，形成服装的外形美和内在美。

服装的造型可以分为内造型和外造型，其中服装的外造型主要是指服装的外部整体轮廓线，它是服装造型的根本，它包含整个着装姿态、衣服造型以及所形成的风格和气氛。在服装史当中我们可以看到，服装的变迁多从外造型的变化来进行描述。内造型指服装的内部款式造型，也可以称作是服装的局部设计，包括结构线、省道、领型、袋型、袖型等等。它可以增加服装的机能性美感，它与服装的整体风格有密切关系可很好的体现流行元素（图4–1）。

一、服装的内造型设计

对服装内造型的设计，我们可以从服装局部的结构形态、服装线型表现、服装层次组合、服装内部工艺处理手法等方面入手。

1. 服装局部结构形态

如果对服装局部进行区域划分，可以把它分为领子、袖子、口袋等，不同形态的领子、袖子、口袋的不同组合就会形成丰富多彩的服装内部造型（图4–2）。

设计师Manison Martin Margiela的设计作品中，夸张的西服领一改往日低调古板的形象变得“张扬跋扈”，成为整套服装的表现重点，而袖子及口袋却“依然故我”，这更好地衬托了领子的视觉冲击力（图4–3）。

在同一款服装中，领子、袖子、口袋的造型风格应该协调统一，同时，如果要强调其中任一部分的设计效果，那其他部分的的造型就应该相对弱化已达到对其烘托的作用，如果同时强调领子、袖子、口袋的造型那就会出现服装主次不清的混乱状态。

2. 服装线型表现

线是服装表现的重要手段，服装内造型的线型种类主要有：省道线、褶线、分割线、工艺线等，不同的线型可以传达不同的造型风格，线型之间的组合设计可以使服装内造型更加丰富多彩。

图4-1 20世纪40年代到80年代外造型的变化

图4-2 从某种意义上讲，服装局部设计其实就是领子、袖子、口袋的组合设计

图4-3 MARTIN MARGIELA领子设计简洁明快且充满张力

图4-4 层层叠叠的线条为整件服装增添了强烈的律动感

MARK FAST 2011年秋冬的设计作品，充斥着大量阶梯般排列的线型，整齐的线型与简洁的款式相结合，创造出一种恢弘大气的着装形象（图4-4）。

在一款服装中，可能存在多种线型组合，进行内部造型设计时要处理好各种线型之间的关系。线型与线型之间在数量、视觉重量及线型风格方面要有所侧重、统一协调，否则线不但不能展现其美感反而会产生杂乱无章之感（图4-5）。

在服装设计师Armani Prive2010年的设计作品中，我们可以看到服装领口处柔美而顺畅的荷叶边线与圆润的袖头及弧线型领围线的完美组合，多层次的裙摆弧线与腰部省道线遥相呼应，服装中充满了丰富的线型但却主次有别，层次分明，整体服装表达着一种甜美的造型风格（图4-6）。

服装设计师Hussein Chalayan 在2009年的设计作品中，运用特殊材料塑造出了“凝固的”服装，服装中所有的线条传达的都是一种凝固的动态，设计师的创意别具一格，凝固的褶线表现出一种更加厚实的视觉效果（图4-7）。

图4-5　复杂而细致的褶线可以增添服装丰富的华美感

图4-6　ARMANAI PRIVE2010年作品领部的线条优雅流畅、韵律感十足

图4-7　HUSSEIN CHALAYAN2009年作品特殊的材质让随性的褶皱充满能量

3. 服装层次组合

现在人们在穿着上越来越追求风格上的混搭，混搭是一种搭配方法，它指的是不同种类、不同风格的单件服装通过内外层次的不同组合形成一种更加丰富的服装语言表现形式。服装上的这种通过层次组合来进行整体造型的方法也是服装内造型设计的重要手段。

在通过服装的层次组合来设计服装的内部造型时，我们需要处理好各个层次服装在结构形态、内部造型及风格上的协调统一关系 ，如果过分强调每个单件之间的差异性而不考虑它们之间共通性元素的话，就会出现服装层次上过分混乱的状态，我们现在流行的混搭造型，其搭配重点还是在寻找那些看似“不搭”下的统一性、和谐性（图4-8）。

RAD HOURANI 2011年成衣发布会就像是一场探险之旅，一不小心我们或许就会迷失在那层层叠叠的服装之中，服装的层次组合如此多变，同款服装前后呈现完全不同的组合形态，在RAD HOURANI的服

图4-8 服装内外层次的穿插丰富着服装的视觉效果

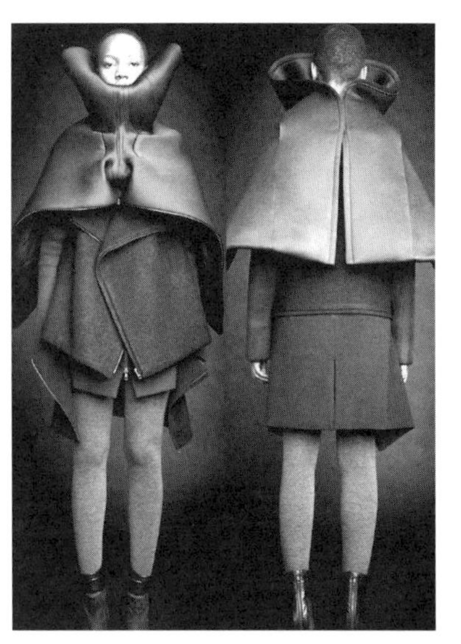
图4-9 在RAD HOURANI 2011成衣发布会中服装内外层次感丰富、空间处理错落有致

图4-10 HERMES 2010年设计作品中运用了视觉错视的效果

装中我们可以找到寻宝的乐趣（图4-9）。

服装设计师Hermes 在2010年的设计作品中，巧妙地将外衣的领子与内部服装相结合，构造出一种服装层次上的错视效果，设计师将具有男性美感的外衣与曲线分明的内部套装组合，一种充满自信的女人味充斥着我们的视觉（图4-10）。

ANN DEMEULEMEESTER 2011的秋冬展笼罩在寂静的墨色中，黑暗中的女战士为我们展示着新一季的战衣。腰部的层叠处理是整款设计的灵魂，西装背心的解构手法新颖而别致，让我们再次领略到解构女皇完美的技艺（图4-11）。

图4-11 ANN DEMEULEMEESTER 2011秋冬展层叠处理丰富

4. 服装内部工艺处理手法

服装造型的形成当然缺少不了一定的工艺手段，服装的工艺处理手法多种多样，但从造型的角度来讲主要有撑、垫、归、拔这几种方法。撑，指的是支撑，可以通过各种有支撑感的材质以一定的骨骼排列形成有空间感的框架；垫，是一种填充手段，它是通过有体积感的不同形态的材质放置于服装表皮之下以改变服装造型的一种手段。归和拔是一种物理手段，通过加热的熨斗对面料进行归拢或延展处理，通过这种处理手法可以塑造更具凹凸感的造型。

通过服装内部工艺处理手法来进行内造型设计时，我们要处理好工艺手法同服装其它内部造型手段的关系。

在2010年COMME des GARCONS的作品中，我们看到设计师别具匠心的通过充气的手段使服装局部表现一种填充、膨胀感，设计师带给我们的不仅仅是一款新颖的内造型处理手法，还有服装形态的新审美趣味。好的设计作品总是给我们头脑带来新的冲击和不断的挑战（图4-12）。

YOHJI YAMAMOTO 2011是华美的撑裙季，在山本耀司的手里，撑裙一改往日行迹不漏的状态，而

图4-12　COMME des GARCONS 2010年作品填充手法的新颖演绎

图4-13　STEPHANE ROLLAND 2011年服装肩部造型通过内部工艺处理形成夸张感十足的造型，视觉效果突出

图4-14　框架支撑创建空间感

是赤裸裸的呈现在我们面前，撑裙不再只是为他人做嫁衣的陪衬，而被当做真正的造型手段，成为了展示设计师设计理念的真正载体（图4-15）。

服装内部各种造型手法之间应相互关联，主次分明。服装内部的局部造型不是独立存在的，局部与局部之间应该相互关联。没有特点的局部会使整体风格缺乏内容，但如果每个局部都有各自不同的风格特点，又会使整个服装视点繁多，使人眼花缭乱，进而使整个服装杂乱而无特色。在进行服装内部造型设计时，既要分析处理好每个局部间的相互协调统一关系，又要做到有主有次，有重有轻。

图4-15　YOHJI YAMAMOTO 2011年服装作品裙撑以最直观的面貌显现眼前

二、服装的外造型设计

外造型是服装流行预测的重要部分，设计师从服装的外造型的更迭变化中，可以分析出服装发展演变的规律，进而可以更好的把握服装流行的趋势。

服装外造型的设计方法我们可以归纳为以下几种：原型移位法、几何组合法、直接造型法。

1. 原型移位法

原型移位法指的是在已知的外造型基础上，通过对其肩点、腰位、臀位、底摆位置等能够表现外造型视觉效果的部位进行重新调整变化后形成新外型的方法，这种方法比较适用于实用类成衣的设计。

通过对ALBINO 2010年的设计作品中肩点、腰点、臀部、底摆、袖位的改变，形成了与原设计作品不同的新的外造型。在这样的新造型中我们可以运用与原设计相同的面料和色彩，但最后形成的服装必定会有不一样的造型感觉（图4-16）。

图4-16 原型移位法案列

图4-17 COMME des GARCONS 作品

2. 几何组合法

如果我们将人体各部分概括为各种不同形态的几何形，如：肩部到腰部为倒梯形；腰部到臀部为正梯形等等，那么对于服装外造型的设计我们也可以简单看作是几种几何形的组合设计，通过不同几何形的组合可以创造出丰富多彩的外造型。对于服装外造型的分析我们也可以用这种方法去分解复杂的造型。

COMME des GARCONS的设计作品中我们可以将其外造型分解为方形加三角形的组合，以几何形的方法去分析或设计新外型是一种简单、直观的设计手法。这种设计方法容易产生我们意想不到的外造型（图4-17）。

我们可以找各种几何形态随意组合，这是一种较有趣味性的设计手法，既可以用于实用类服装的设计又可用于创意类服装的设计（图4-18）。

3. 直接造型法

也可以称作立体裁剪法，指的是通过将面料直接作用于人台上，通过直接造型的手段创造新外型。直接造型法可以比较直观的处理服装形态同人体各个部位的空间关系，很多设计师都是通过这种手段创造新的外造型。这种方法特别适用于创意类服装的设计。

图4-18 几何组合法案例

图4-19 STEPHANE ROLLAND 2011年作品充满轻松的自然风情

STEPHANE ROLLAND 2011设计作品中随意的褶型随人体曲线自然起伏，整款服装充满了随意的慵懒感，或许这就是直接造型法的魅力所在（图4-19）。

二、服装内、外造型设计的关系

我们在欣赏和分析今天的设计大师们的作品时，不能片面的从外造型或内造型来定义这些设计作品风格，因为在相同的外造型下因为不同的内部造型可能产生完全不同的服装风格。以前，服装在进行内外造型设计时会强调内外造型风格的统一性，但现在，很多服装设计师会以逆向思维方式，打破这种常规，通过刻意强调内部细节与外部造型之间的冲突来强调一种对比感，故意表现出一种不协调感，这类设计往往带有荒诞意识和叛逆风格。深入的了解和分析服装内、外造型的相互关系，通过服装外部廓型与内部细节设计的巧妙结合来表现服装的丰富内涵和风格特征，是服装设计师的设计修养与设计能力的综合体现。

从图4-20和图4-21中可以看出，几乎相同的外造型，但却因为迥异的内造型及色彩、图案方面的差异而呈现出完全不同的风格，一种是充满哥特、现代感的都市味道，而另一种却是充满香甜气息的乡村味道。

图4-20 领子、省道处理等内造型结合面料色彩及纹样共同左右服装的风格特征

图4-21 领子、褶皱、省道等内造型及面料色彩、纹样、配饰对服装风格的影响

服装设计师Antomio Berardi及Louise Goidin的设计作品，他们虽然拥有近乎相似的外廓型，但他们的服装风格却千差万别（图4-22，图4-23）。

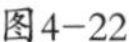
图4-22

图4-23

图3-42 分割线作为内造型的重要手段对服装风格产生重要影响
图3-43 领子及衣身上的层次处理赋予服装丰富的曲线形态，它们对服装风格的塑造发挥了重要作用

第二节 服装分割原则与分割线设计

分割线又称开刀线或剪缉线，是服装设计中常见的一种造型形式。从功能性上说，分割线具有缝合裁片、体现人体结构、塑造服装特征的特点，从线形本身来讲，分割线自身也可以构成多种形态。

一、服装的分割线设计原则

服装始终是要穿在人体上的，分割线作为服装上的一种线条种类，必然与人体的形体特征有着密切的关系。分割线的设计应遵循以下原则:

1. 以表现服装的功能性为主

这里所说的功能性分为两个方面，一是具有塑造人体曲线，彰显人体特征的线条分割形式，它以人体的曲面特征为基础，所以在设计时需要遵循人体曲面的变化规律，通过连省成缝或遇缝转省的形式来表现。二是为了让人体活动方便、或者服装使用方便而进行的分割线处理。对于以表现功能性为主的分割线应遵循以人体的基本特征为前提的设计原则，同时要考虑分割线与人体比例的关系（图4–24，图4–25）。

2. 以装饰性为主

它是指通过对分割线形态及线型的组织安排来吸引人的视线，满足人的视觉趣味。在设计此类分割线时要充分考虑其横、竖、曲、折的走向变化和形式美法则中对称与平衡、节奏与韵律、和谐与统一等原则。

例如，Cxnz的设计作品，一改传统的袖窿线样式，大弧度的曲线与不同角度的直线协调搭配，为肩部带来全新的装饰效果（图4–26）。

图4-24 以功能性为主的分割线

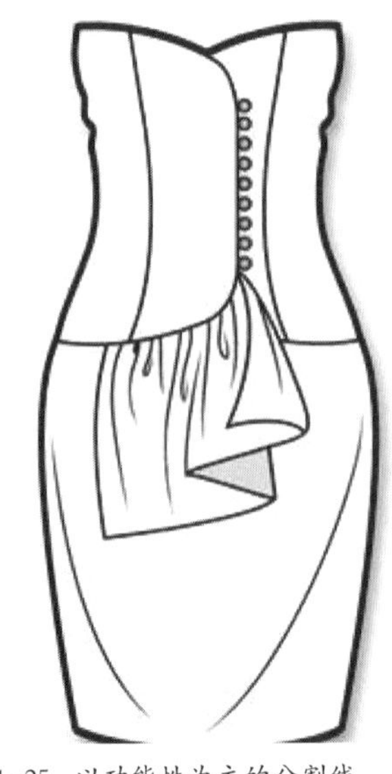
图4-25 以功能性为主的分割线

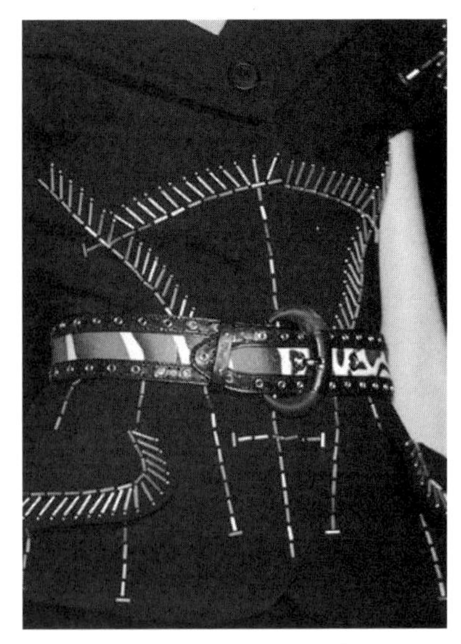
图4-26 以功能性为主的分割线

3. 以创造新造型为主

它是指通过线型之间的角度处理而塑造出具有立体形态的空间造型，进而改变人体某部位的形态。这类分割线的设计具有随意性和艺术性特点，设计时应该遵守人体体型的变化。

分割线对服装的空间塑造起着重要的作用，分割线的设计也可以理解为是一种着装状态设计（图4-27~图4-29）。

图4-27 以创造新造型为主的分割线

图4-28 以创造新造型为主的分割线

图4-29 以创造新造型为主的分割线

二、服装的分割线设计原理

从线的形态上来分，服装中分割线主要有直线分割、曲线分割、不规则分割三种，在进行分割线设计时我们也主要从以上三点入手。

1. 直线分割

是指成型后服装上的分割线呈现出直线的效果。直线分割又包含水平分割、垂直分割和斜向分割。水平分割线能引导人的视线横向移动，具有强调宽度的作用，在服装上表现的是一种平衡、舒展和庄重的静态美。垂直分割能引导人的视线上下移动，具有强调高度的作用，在服装上表现的是挺拔、修长的效果。斜向分割线具有运动感和活跃感。使用斜向分割时应该注意，斜向分割线交接形成角的角度越小，分割线越趋向于纵向分割线的伸展感；角度越大，分割线越趋向于横向线的宽阔感；而45度斜向分割最能掩饰体型的缺点。

GARETH PUGH 2010年的设计作品，通过大量的斜线分割线装饰服装，左右相对的斜线与简洁干练的服装廓型的组合表现出一种集中向上的力量和骇客帝国式的时髦（图4–30）。

大量的直线型分割在强调身体块面的同时也形成了很强的装饰效果，线条与图案的组合大大的增强了人体的三维空间效果（图4–31）。

EMANUEL UNGARO 2011年相交的直线分割线将身体分成几个具有菱形特征的区域，分割线与面料的组合使原本完美的身形更加妖娆，分割线玩着魔幻的戏法摇身成为人体塑形的功臣（图4–32）。

图4–30 斜直线分割线设计

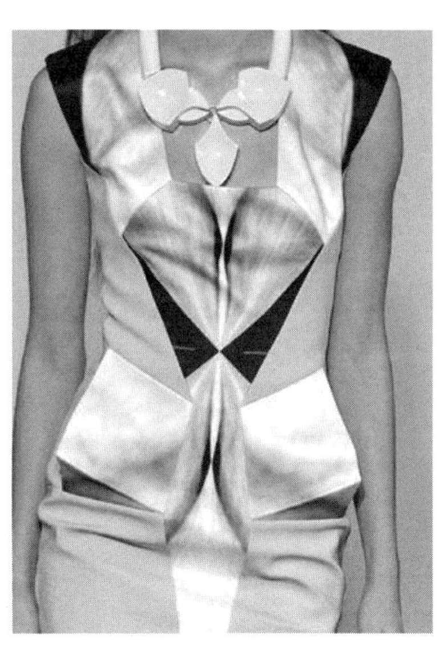

图4–31 直线分割线与图案的组合设计

图4–32 直线分割线与面料的组合设计

2. 曲线分割

可以分为弧线分割和几何形分割两种。弧线分割的表现力极强，它可以把女性的迷人身材概括成几条精练柔美的曲线，是非常适合表现女性柔美感的线条。而不同的几何形分割则有不同的语言表达，如圆形分割线可爱、饱满，波纹形分割线轻盈流畅等等。

A.F.VANDEVORST 2011年服装的后片充满了华丽的分割线，使原本无生机的转身成为惊天动地的刹那，不同质地的面料在分割线的安排下谱写出惊鸿的篇章，小小的分割线产生出了巨大的创造力（图4–33~图4–35）。

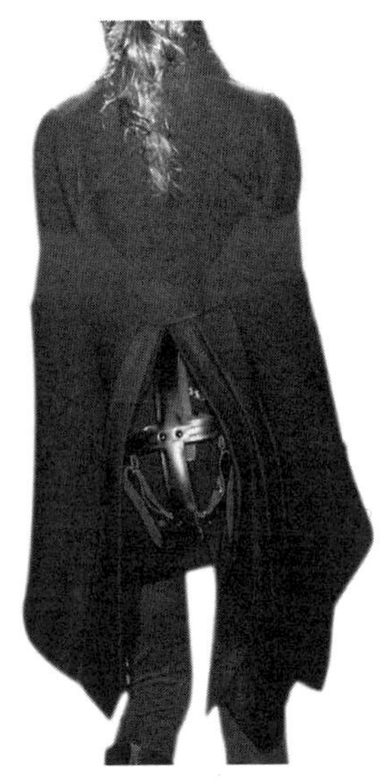

图4-33　A.F.VANDEVORST 2011年服装作品

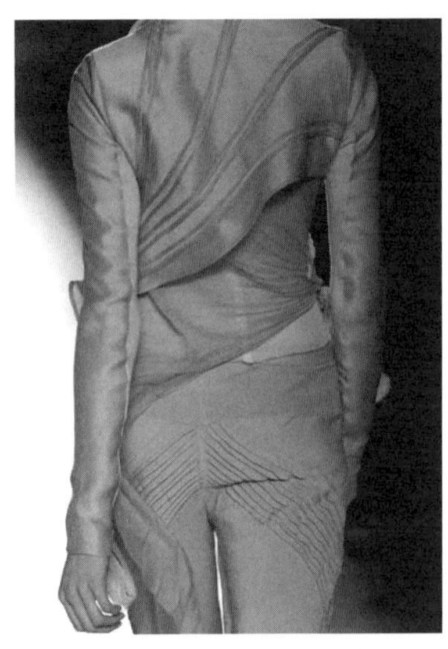

图4-34　优美的曲线分割顺应着衣摆的造型，呈现出风姿妖娆的背部风光

图4-35　曲线分割多运用于女装，通常分割线会和省线结合，充分展现女性曲线

3. 不规则分割

是依据服装设计具体内容的需要，按照一定的设计构思在服装上所进行的任意分割，它可以是直与曲的交叉结合，也可以是曲与直的排列组合，不规则分割使服装款式呈现更加丰富且创意精彩的变化效果。图4-36和图4-37，裤子上分布着多条不同方向和角度的分割线，突出了腿部的视觉效果。图4-38 通过分割处理，服装中不规则的白色线型成为最动人的因子，设计师的奇思妙想通过一条小小的分割线完美呈现。

图4-36　不规则分割案例

图4-37　不规则分割案例

图4-38　不规则分割案例

三、服装分割线的设计应用

分割线在服装设计中有着重要的作用，在设计师的手中，分割线扮演着各种角色，它可以成为设计

师传达设计概念的工具、灵感的载体，同时它也可以化为省道转移的秘密通道、形态造型的强大武器，设计师也可以将分割线作为创造图形的手段或面料拼接的途径，分割线像一个千变女郎，它可以随着设计师的构想转化出千种风情、万种姿态。

荷芙妮格（HERVE LEGER）的服装特点是每一处的裁剪都能紧贴身体，在其2010年的作品中，大量的分割线设计将身形精致勾勒，线形排列丰富而具有节奏感，服装如雕塑般严谨（图4-39）。

图4-39 HERVE LEGER 服装分割线设计

图4-40 川久保玲的服装分割线设计

COMME des GARCONS 2010年的设计作品中，分割线塑造着衣片起伏的层次，但塑造的形态并非只是为了迎合身体的曲线，反而更像是要塑造新的人体造型。川久保玲运用立体几何模式、不对称的重叠创新剪裁，和利落的线条，呈现出特殊意识形态的服装美感（图4-40）。

第三节 服装省的设计及转化

省是服装由平面转化为立体不可或缺的手段，在很长一段时间里，省几乎主宰着整个服装形态的走向，省可以看作是服装界最伟大的发明。

一、省的实质

人体不是一个单纯的立体造型，而是一个复杂的、凹凸不平的复合曲面。在用平面布料包裹立体人体的过程中，由于人体表面的凹凸不平就会产生多余量。为了体现服装的美观性和合体性，就必须将多余量处理掉，省道由此产生。省道是指为了使服装适合人体体形曲线而省略的不必要部分，是服装造型中使二维平面转化成三维立体造型的重要技法之一（图4-41~图4-43）。

1. 省的位置设计

省的存在是为了使服装展现人体的形态，所以省通常都围绕在人体各个凸点的周围，比如胸部、臀部、胯部、肩胛处、肘部、膝部等，最初人们只是单纯的把省看作是实现服装结构的手段，所以通常将它“藏”在我们看不到的位置，现在的设计师将省作为其展示创意的手段，所以通常会以强调的方式展示它。

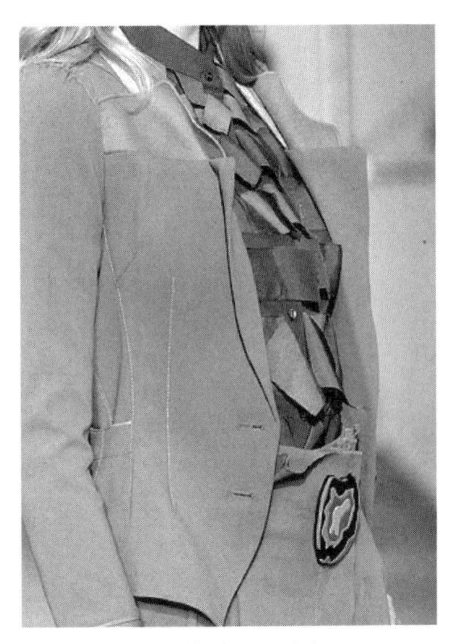

图4-41 塑造胸部造型的胸省

图4-42 处理腰臀空间的腰省

图4-43 省的多方位使用

在ZAC POSEN的设计作品中，设计师将省的形态与服装的款型相结合，通过镶边的手法强调了省的位置，省成为设计作品的设计中心（图4-44）。

TODD LYNN 2011年腰部、胸部、肘部的省线在方向上遥遥呼应，省线既完成功能的使命，同时也成为服装很好的装饰（图4-45）。

在ARMAIN PRIVE的设计作品中，设计师通过逆向思维的方法，将本来藏于衣服里面的省的状态反过来运用到了服装的外面，为了使服装立体而一直以平面姿态出现的省终于以一个立体的姿态原汁原味的展现在我们面前（图4-46）。

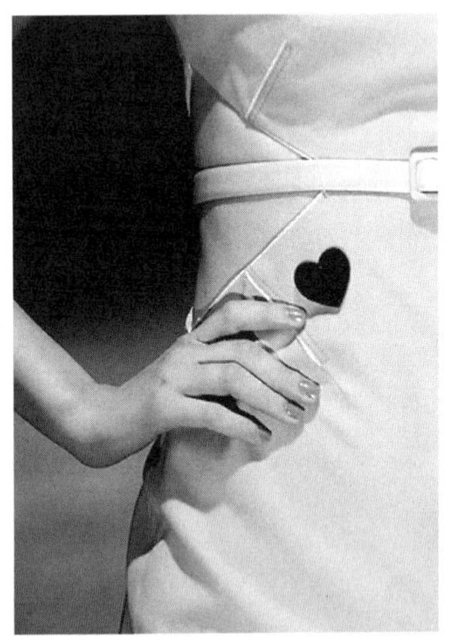

图4-44 胸、腰省与局部造型的完美组合

图4-45 胸、腰省的线型组合设计

图4-46 腰省的反向远用

MARIOS SCHWAB 2011年服装中省部的工艺处理创新感十足，各部分省的位置相得益彰，成为服装中最具设计感的表现（图4-47）。

2. 省的形态设计

省在服装中的形态本身是一种线形，线本身的形态是非常多样的，从空间上说，线有立体的线、平面的线；从形态上说，线有直线、曲线、不规则线，线本身所拥有的这些特征都可以成为省的设计手段。以这种手法进行省设计时要把握好各种线形的形态特点，同时应考虑省形与人体造型或服装形态之间的和谐性（图4–48）。

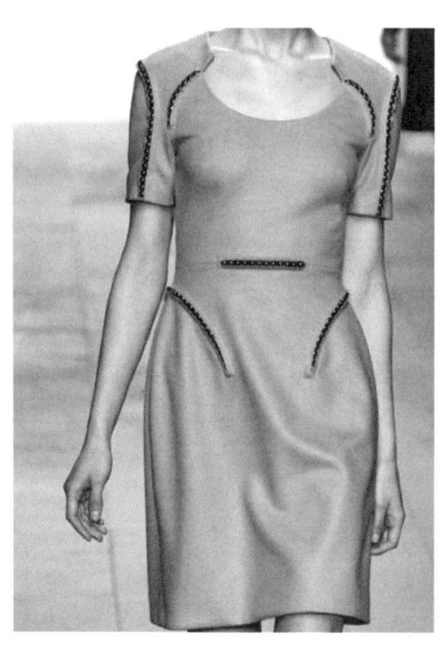

图4–47 省道的视觉加强设计

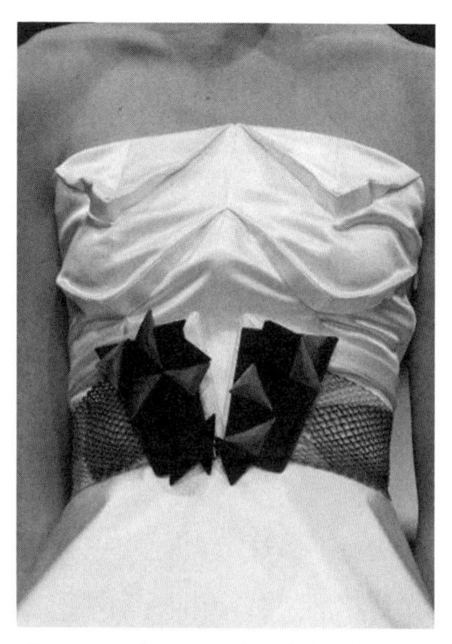

图4–48 胸部立体的线型在实现装饰功能之外也很好的将部分的省量藏匿其中

在设计师Junya Watanabe 的设计作品中，大弧度的省线效果是如此精妙，省在设计师的手里营造出比人体更强烈的曲线，省线同背部的造型线协调统一，它们共同塑造了优美而别致的背部风景（图4–49~图4–51）。

图4–49 背部省线的运用

图4–50 胸部省线的运

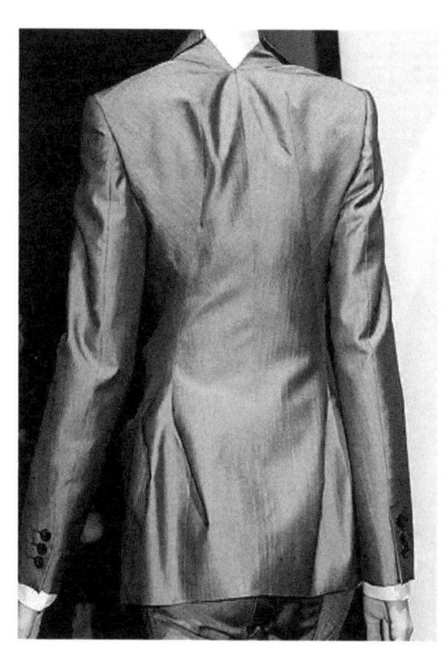

图4–51 背部省线的运用

3. 省的线形组合设计

从线形组合的角度来进行省的设计，这是一种通过不同种类、不同形态的线形进行组合来表现省的方式。在进行具体设计操作时，要注意线形之间的和谐度，对于各种线的形态、密度、走势等，如果组织不当，可能会出现服装中线条混乱、语言表达不清的情况，同时，如果过分的强调线形，也会使服装呈现过于繁杂的状态（图4–52）。

二、省的转化

在服装造型中，省道有着多种多样的表现形式，省的转化方式也是灵活多变的，概括来讲主要有两种：省道转移和省型变换。

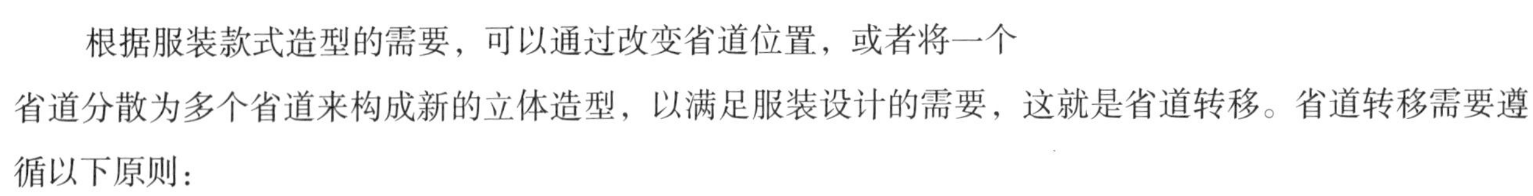

图4–52　省线、分割线的组合设计

1. 省道转移

根据服装款式造型的需要，可以通过改变省道位置，或者将一个省道分散为多个省道来构成新的立体造型，以满足服装设计的需要，这就是省道转移。省道转移需要遵循以下原则：

（1）省的省尖点不经过凸点时,可以通过凸点的辅助线来完成省的转移。

（2）省道在转移的过程中由于打开省道的长度不同，转移前后的省量肯定会有所不同，省道转移并不会改变省道的收身效果。

（3）在省道转移过程中需要注意服装衣身的协调性。

在VIKTOR&ROLF 2010年的设计作品中，通过多次剪切的手法，将省道分解为多条省线，省有规律的按照一定的节奏排列着，省上的明线处理更加强了省突出的视觉效果，呈现出一种秩序美（图4–53）。

在CELINE 2011年的服装作品中，上衣中的省完美的转化到服装的分割线当中，裙子腰部的省幻化成美丽的褶裥，省从此拥有了像孙悟空一样百变的身形（图4–54，图4–55）。

图4–53　省线的组合设计

图4–54　省线与分割线的转换设计

图4–55　在CELINE 2011年的作品中省通过经过胸部的分割线完成了省道的转移

常见的省道转移方法有以下几种:

（1）剪切法：在结构图上确定新省道的位置，然后在新省处剪开，合并原来的省道，剪开处就自然打开。这种方法适用于直线省、折线省，曲线省、非对称的省等多种省道，而且在省道转移的过程中可以采用一次剪切或者多次剪切。这是一种直观、简单的省道转移方法。

（2）旋转法：以省尖点为中心，将纸样旋转一个角度，将省道转移至所需的部位（图4–56）。

（3）移位法：又称为量取法，以省尖点为中心，把侧缝线前后差量，在腋下任意位置截取，这种方法还可以在摆缝和腰间两个方向同时作省。

省道转移是省道设计的重要手法，现代的服装设计多通过省道转移的手法来创新款式设计。

在DICE KAYEK 的设计作品中，不同方向的省线成为服装中最精彩的装饰，省线的排列及方向安置与服装的底摆线、门襟线完美组合，服装充满丰富的线形语言，为我们谱奏出一首和谐的乐章（图4–57）。

图4–56 胸省的多角度展示

图4–57 省线的组合设计

2. 省型变换

省型的变换指的并不是常规意义上对省的形状的改变，而是对省状态的一种变换，变换后的形态并不具有我们以上所说的钉子省、锥形省等外形，但拥有省处理服装与人体多余空间、使服装更贴合人体曲线的功能，省变换后的形态多种多样，主要是通过各种褶或褶裥来表现。变换后的省一改往日平面、单薄的印象，展现出更多的新形象（图4–58，图4–59 ）。

在ZAC POSEN 2010年的设计作品中，省以折叠的姿态重新演绎，省的线形组合与折叠所形成的层次线完美结合，两种不同的线形的重叠处理非常巧妙（图4–60 ）。

图4-58　省隐身于褶皱的线型处理之中

图4-59　省变换为褶皱，呈现出一派悠然的姿态，成为了领部最美的装饰

图4-60　自然的皱褶将省量完美隐匿

在A.F.VANDEVORST 2011年的T台上，褶皱与省线交错在一起，不知道是褶皱转换为省还是省变换为褶皱，设计的乐趣或许就在其中（图4-61）。

图4-61　褶与省的交响乐

【经典服装设计案例】

1. JUNYA WATANABE品牌设计师介绍

设计师渡边淳弥（JUNYA WATANABE）是继川久保龄、山本耀司等第一代在欧洲打响名号的日本设计师之后，在日本出现的又一位出色的设计大家，他1961年出生在日本的福岛县，1984年毕业于东京文化服装学院设计科，毕业后，便进入川久保铃的 COMME des GARCONS公司做助理，负责制版工作，后受川久保龄赏识并扶持其创办自己的设计品牌。

2. 品牌风格

JUNYA WATANABE一只脚在历史中，一只脚在现实中，将 DIOR 的 New Look 用新的技术和新的材料冰消玉融在自己的设计中，创作出可用最美妙的形容词，诸如：诗意的、浪漫的……来形容的一系列作品。但是，他并没有停留在前人的基础上，比如：1999年春夏的系列中，渡边淳弥（Junya Watanabe）就用9位形体不同的日本妇女做模特来做衣服，而屏弃了传统的八号标准。他对此解释的是：他自己的设计不是为艺术，而是为生活。而在获得高度评价的2000/2001年秋冬系列中，发布了一系列的尼龙服装，让雨衣也登堂入室，上了时装的大雅之殿。模特的雨中漫步，Karen Carpenter 的忧郁老歌，真是一首长诗，一出绮梦。歌星Bjok身着他此系列中的一件裙子出现在 American Vogue 上，更是为他助威长风。

在渡边淳弥地设计作品中，明暗色彩的混合使用，上下颠倒巧妙安插的荷包，加长的袖子以及在分层、花纹和颜色上的稍稍夸大的处理随处可见。

渡边淳弥设计的省及分割线处理精巧、干练确又韵味十足，低调、平实却又让人过目难忘。渡边淳弥2010年春夏的设计作品可以说是省和分割线的华丽舞台，精致、新颖的线型设计震撼着我们的视觉（图4-62~图4-71）。

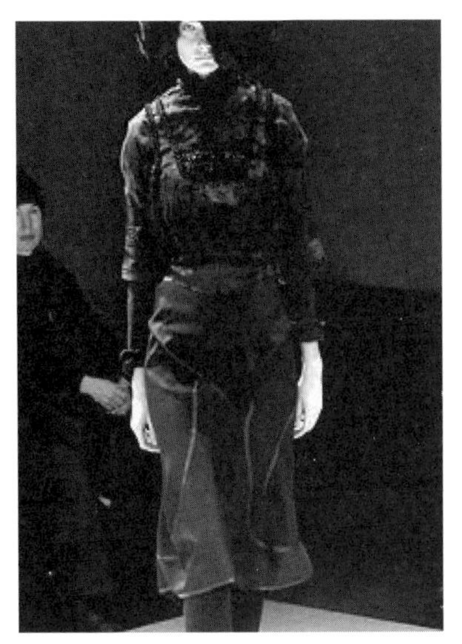

图4-62　2005年作品

图4-63　2006年作品

图4-64　2007年作品

图4-65　2007年作品

图4-67　2008年作品

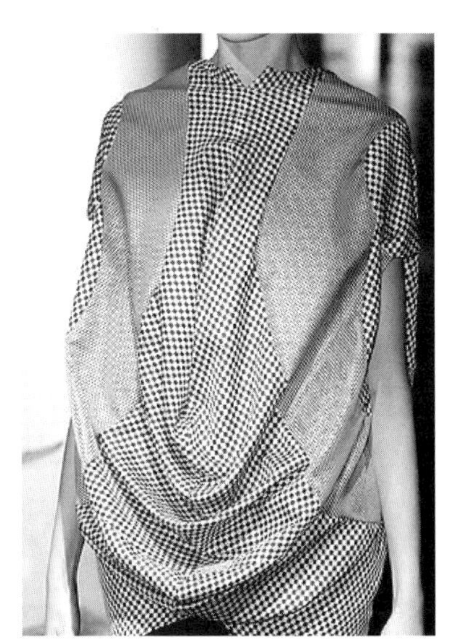

图4-68　2010年作品

图4-69　2010年作品

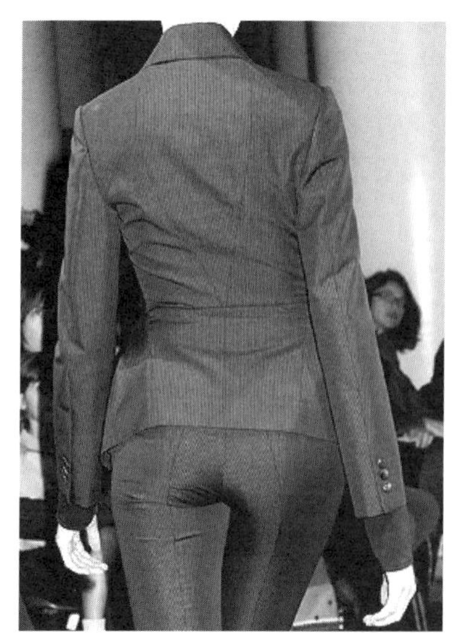
图4-70　2010年作品

图4-71　2011年作品

设计项目课堂实训及优秀作业点评

◎ 项目案例

通过对JUNYA WATANABE 2010年春夏设计作品的分析，深入研究其线型设计特点、空间处理手法及造型规律，以此为启发进行以分割线的创新为主的款式设计。

◎ 设计要求

1. 从生活当中寻找具有线型特点的元素为创作灵感

2. 对灵感元素进行提炼并重新演绎

3. 从分割线的功能性或创新性两个方面中任选一角度进行设计，设计作品款式需表达准确

第一步：调研品牌

通过对JUNYA WATANABE设计作品调研，总结其设计风格、造型特点、线型处理手法等方面后，以图片搭配文字的形式整理成页。

第二步：从生活中搜集素材

第三步：对素材进行归纳、提炼后进行初步设计

第四步：对初稿进行完善改进

第五步：以完成稿的形式完成设计

以瓷器的裂纹作为设计的灵感源，角度新颖，眼光独到，设计者将瓷器纹路进行归纳提炼后有组织的安排于服装之上，服装中的分割线既是创造新造型的手段、省道转移的秘密通道，同时又是色块与色块之间的临界线，分割线承载着多个角色，作用突出（图4-72，图4-73）。

从初稿的开始到最后设计作品的完成需要经过几次的修稿，在对设计稿的修正过程中，需要不断思考灵感源、人体形态、服装空间、设计手法、服装可实现性、细节表现、服装的流行性和现代感等多个方面的问题，整个设计过程就是不断修正、不断完善的过程。

设计者以中国地图中的地区板块划分作为设计的灵感，对灵感源线条的组织归纳应用于服

图4-72 设计效果图

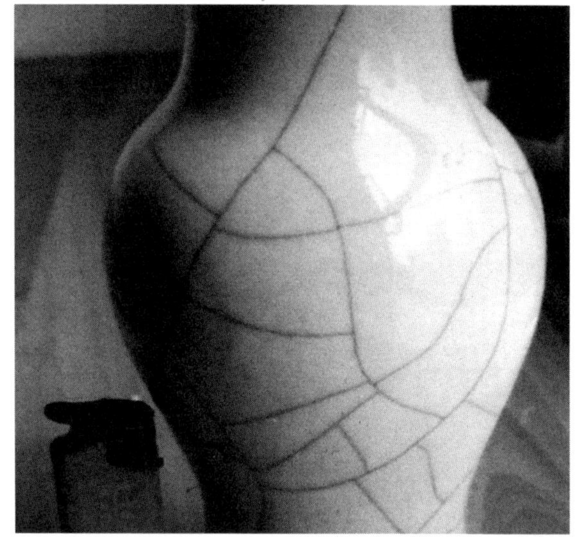

图4-73 设计灵感源

装设计中，服装中的分割线既能很好的体现灵感源的线型特点，同时又成为装饰服装很好的“道具”。设计作品中，表现祖国心脏的红五角星被巧妙的设计在胸部，这不仅很好的传达了灵感主体，同时也成为整套服装的点睛之笔（图4-74，图4-75）。

图4-74 设计效果图

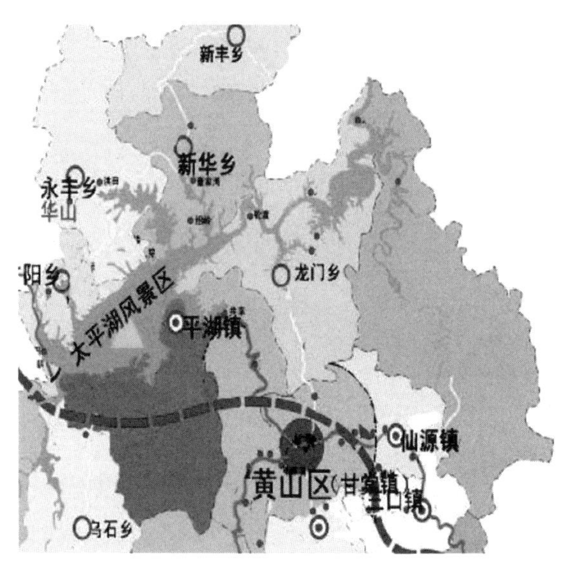

图4-75 设计灵感源

第二套设计作品的灵感来自于高楼大厦的骨架结构，设计者将该结构与服装款型结合，同时考虑了人体的形态特点。建筑的骨架与人形体的融合恰恰也迎合了“服装是行走的建筑”这一说法（图4-76，图4-77）。

第三套设计作品的灵感来源于埃菲尔铁塔，设计者将埃菲尔铁塔的基本构架与人体形态结合处理，既呈现了建筑的构架特点，同时又很好的展现了人体的美态（图4-78，图4-79 ）。

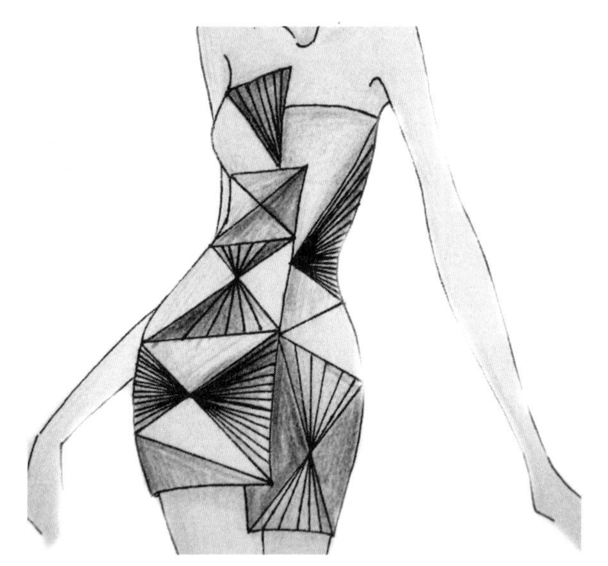
图4-76　设计效果图

图4-77　设计灵感源

图4-78　设计灵感源

图4-79　设计效果图

以上设计作品重点针对款式来进行设计，而对于服装设计的其它要素，如：色彩、图案及面料可以不作考虑，整个设计过程侧重考虑服装结构、服装空间、服装工艺等跟款式造型相关的内容，是对款式造型中重要的分割线设计的集中训练。另外，还可以从功能性的角度进行分割线设计，图4-80通过对分割线的设计产生服装层次的错视效果。从功能性的角度进行分割线设计，图4-81将分割线同省线造型很好结合，同时表现了一种线型装饰的效果。

图4-82和图4-83是从装饰性的角度进行分割线设计，前者通过对分割线的强调处理，形成服装丰富的线形视觉效果。后者将分割线同拉链结合，在实现服装线型装饰的同时也创新了服装的功能性。

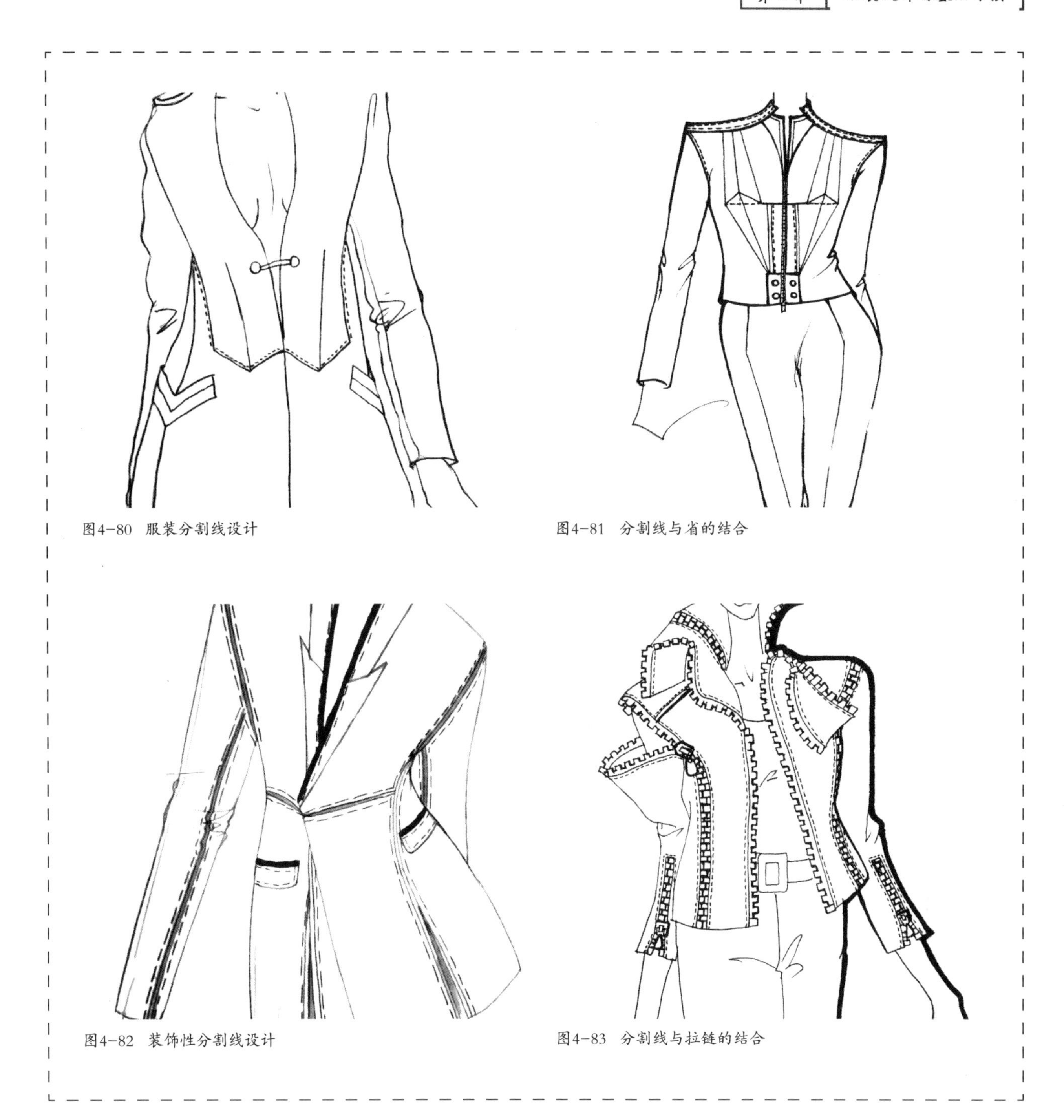

图4-80 服装分割线设计

图4-81 分割线与省的结合

图4-82 装饰性分割线设计

图4-83 分割线与拉链的结合

思考与练习

设计一个系列（4~6套）现代时装，通过分割线的多样化设计以表现服装的内外造型关系。

5 服装细部设计

身为服装设计师，请永远不要担心你的设计作品过分迷人、过分精致、过分美丽，因为在服装最小的细部上花最大的心思本来就是此专业的特权，所以服装设计这个追求唯美的专业就是为了这份执著而存在的。同时，细部设计又是鉴别设计师作品优劣的重要途径，也是颠覆平庸设计的终极法宝。

服装细部的设计往往是在不易被人们发觉的部分表现着设计师的意趣和魅力。因此，对服装细部的流行现象要进行细致的观察、分析和研究，才能形成服装流行的总体概念。服装细部设计是服装设计专业中不可或缺的重要环节，是每位设计者向他人表明自己风格、品味与爱好的方式之一，同时为服装提供了展示个性的途径。细部设计让一件服装作品生动有趣，与众不同，且能成为经典、永不过时。每一件服装的细部设计都承载着重要讯息，或许是特别的表达，或许是精湛的工艺，或许是经典的展现，同时也一次次的见证了服装设计的灵魂依附着细部制胜的形式。

第一节 领型设计原理与应用

一、领型设计原理

服装的领型设计是认识流行细节和总体的纽带，因为，领子的位置是整个服装的视觉中心，也是流行的感觉中心。就领型的流行而言，有领角、位置、宽窄等方面的变化，并对服装的其它部位产生着影响（图5-1）。在众多领型的变化中，大体可以归纳为五类，即立领、领口领、企领、扁领和翻折领（图5-2~图5-6）。

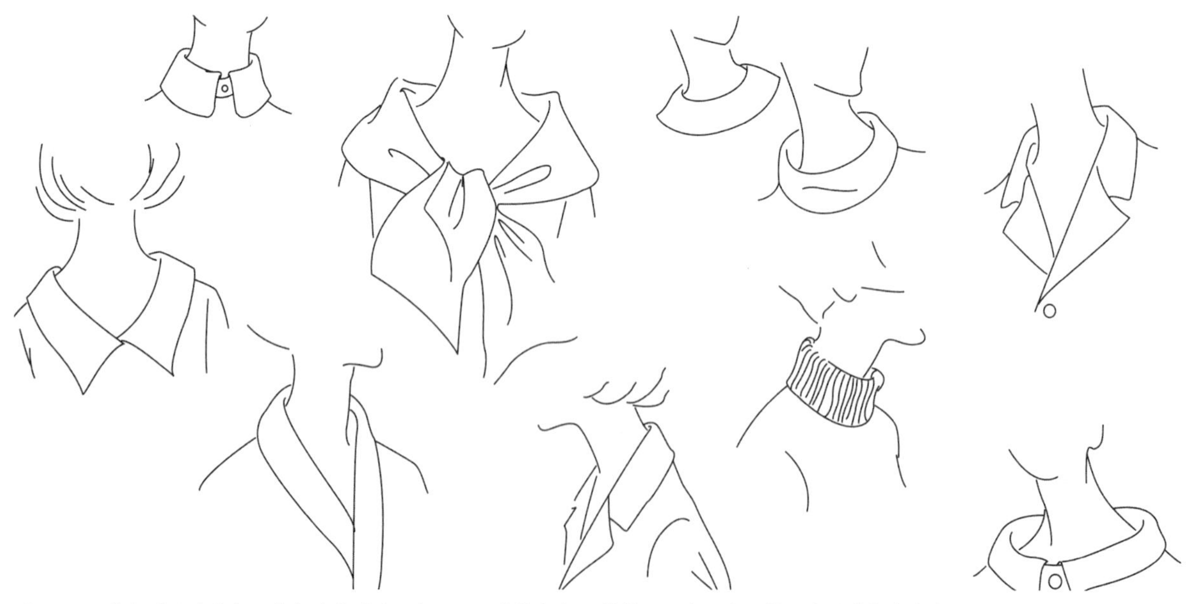

图5-1 服装领型设计所表现出来的造型美不会孤立，要将颜色、材料、工艺、流行等因素联系起来考虑

图5-2

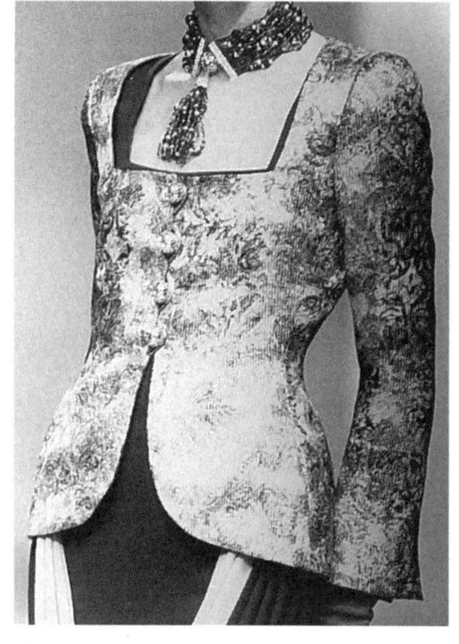
图5-3

图5-4

图5-2 加宽领面的立领更加适合套装这一服类的需求，平添了实用的功能
图5-3 领口领虽多用于礼服和连衣裙，但搭配锦缎等华丽的材料，也可使套装或半礼服套裙增加礼服的隆重气氛
图5-4 企领的设计多用于衬衣，这一款式源于男装的套装衬衣

图5-5

图5-6

图5-5 扁领的造型使服装整体风格显得甜蜜柔和、青春俏丽
图5-6 翻折领中的八字领设计是正规女套装的首选领型

以套装为例，其领型的设计在流行中是按照一定程式变化的。领角变化以九十度的八字领作为基础，有小八字领、半戗驳领和戗驳领。领位的流行是在一般领口形成的翻领和驳领的比例关系基础上，有大驳领（驳领比例增大）和下垂领（翻领的比例增大）的变化。领型在流行趣味上是有所选择的，一般领角造型远离它所具有程式，说明其流行依据多来源于便装，领位越低说明服装越趋于便装化。领位越向后倾斜越预示着一种怀旧的流行，这也是在流行中表现出来的一种时代语言（图5-7~图5-9）。

图5-7

图5-8

图5-7 双排扣戗驳领的套装具有男性化的洒脱与帅气，呈现出不同的文化含义与时尚倾向
图5-8 翻折领中的青果领型源于男士的塔士多礼服，如今成为女士社交装束的新观念

图5-9 套装领型的设计在流行中是按照一定程式变化的，这也是在流行中表现出来的一种时代语言

二、领型设计应用

服装的领子部分在设计的时候要考虑到领口位置的高低，领口的宽度，也就是距离脖子远近的尺寸。在女装常规的设计中，连身裙及礼服多采用领口领设计；衬衣多采用立领、企领、扁领的设计；外套与大衣多采用翻折领的设计。除配合服装的要求，衣领的设计还要考虑服装面料的特点及制作工艺的要求（图5-10~图5-12）。

图5-10

图5-11

图5-12

图5-10　领口领多用于礼服设计，尽显女性的妩媚与性感
图5-11　这款源于男士夹克的斯特加姆外套，其立领设计与中式服装有异曲同工之处
图5-12　夸张的扁领设计使人联想起文艺复兴时期的拉夫领造型，使服装具有怀旧的情调

第二节　袖型设计原理与应用

一、袖型设计原理

袖子的样式起到了装饰肩部和手臂的作用，袖子的结构决定了人体上肢的活动范围。袖型的设计从结构上划分大体可以分为两类，即上肩袖和连身袖；从长度上划分可分为长袖、中长袖和短袖。袖子的造型设计曾在服装史中占据重要位置，文艺复兴时期的西班牙风格时期是袖子设计的巅峰年代。由于这一时期的服装大多使用填充物，肩和袖子都填得很厚很硬，造成的僵硬状态使袖山与袖窿无法缝接，这

图5-13　上肩袖多用于合体型的服类，如套装、大衣及正规衬衣等款式

图5-14　连身袖中的"蝙蝠袖"造型重现了20世纪80年代的流行风貌

图5-15　皮草的装饰很好的配合了插肩袖的款式及结构特征，显得既夸张又别致

就需用系带、金属链扣或宽条的镶嵌带将袖子固定在袖窿处，或用针线粗略缝拢。由于袖子可以随意拆卸，也就可以随意更换，同一件衣身可以根据需要随时调换不同面料、不同色泽和不同造型的袖子。此时在袖子的造型上，出现了多种新奇夸张的样式，如所谓的“羊腿型”、“灯笼型”、“糖葫芦型”等袖式（图5-13~图5-21）。

图5-16 长袖外套的袖口处以皮毛进行装饰，显得既华贵又复古，并衬托出服装的季节特征

图5-17 中长袖的设计是近几年非常流行的样式，它使五十年代的优雅与精致回归了

图5-18 庞大的灯笼袖源于文艺复兴时期的贵族男士着装

图5-19 “羊腿型”袖子源于文艺复兴时期的西班牙风格时期，显得新奇而又夸张

图5-20 绸缎材质的“灯笼型”袖子仿佛17世纪宫廷女装的现代翻版

图5-21 这款袖子为“糖葫芦型”式的风衣，显得既新潮又复古

二、袖型设计应用

袖子在设计的时候，需要配合服装整体风格，同时，也要注重人体基本的活动需求。过瘦或过肥的袖身都会影响着装的舒适程度，功能性是设计袖子时要重点考虑的问题。袖子的装饰部位主要在袖山、袖口处，袖衩、袖扣和袖袢在服装流行中是特殊的造型语言元素。如今在大多数服装中，袖衩的传统功能虽不存在了，但却以仿真的结构形式得以流行，同时和袖扣的程式组合展示不同的趣味。袖扣的粒数

也传达着重要的信息，数量越小越趋向便装化、运动化；数量越多越暗示着一种怀旧和追求华贵的流行主题。袖袢主要用在外套和户外服中，因此，它更多的受功能、流行材料的影响（图5-22~图5-24）。

图5-22　宽松的连身袖外套颇具20世纪初流行的东方情调

图5-23　女套装的袖口纽扣数量越多越暗示着一种怀旧和追求华贵的流行主题

图5-24　只有最高品质的套装才会拥有兼具功能性和美观性的袖口纽扣

第三节　腰线设计原理与应用

一、腰线设计原理

腰线在服装设计中的重要性从未被忽略过。曾在服装史上名噪一时的帝政腰线，将腰位从人体原有的高度提升至胸部之下，将观赏者的视线集中在女性胸部的同时也拉长了身体比例。普通腰线则以人体自然腰位为基础，向上调整 1~3 厘米。而低腰线早在 20 世纪的 20 年代就已经随着“女男孩”风潮席卷过女装设计界，如今的女装腰线为了挑战男装化的不羁风格，从人体自然腰位的位置下降了若干厘米，甚至低到露出内衣裤，将内衣外穿与混搭的着装模式最大化（图5-25~图5-27）。

二、腰线设计应用

各个年代的流行风格中，服装腰线的表现差别都很大，但无论何时，服装腰线对于服装的整体比例关系及合体程度都起到至关重要的作用。高腰线的服装所呈现出的外观廓型多为字母 A 型和 Y 型，这类服装胸部合体，腰部与臀部放松量较大。高腰线的服装设计造型代表了女性化的风格并蕴含着复古的情调；普通腰线的服装所呈现出的外观廓型多为字母 X 型，这类服装胸部与腰部合体，臀部较放松。因为这一腰位设计最为贴合女人体特征，最为常见，经常被应用在经典套装与大衣的款式设计中；低腰线的服装所呈现出的外观廓形多为字母 H 型和 O 型，这类服装胸、腰、臀尺寸相近，整体造型为流线型。低腰线的服装多应用于中性化的服装和休闲装的设计中，其流畅自由的造型特征最能体现这类服装的风格韵味（图5-28~图5-30）。

图5-25　帝政腰线形式的礼服长裙既高雅又充满女性魅力

图5-26　柔软的低腰丝绸印花连衣裙，其造型自由流畅、韵味独特

图5-27　普通腰线的女裙装配合皮革与薄纱的材料，同样显得前卫而新奇

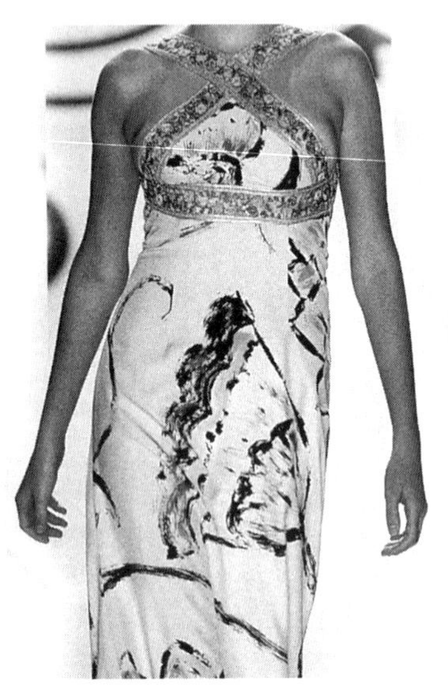

图5-28　高腰线的服装更加突出了女性修长而又丰满的外观

图5-29　普通腰线的白色半礼服裙使女性既妩媚又端庄，是经典中的经典

图5-30　低腰棉质印花连衣裙随意而又时尚，是颇受年轻女性钟爱的款式

第四节　口袋设计原理与应用

一、口袋设计原理

袋型在流行中多起烘托主题的作用。同时，袋型结构还受面料性能的制约，例如，用较疏松的粗纺面料，不适合设计成开袋形式。不同口袋的设计往往配合不同服装设计的惯例形式出现，当流行一种粗犷风格的服装时，也同时流行一种外观化的明袋、明线形式。

另外，男装上身的手巾袋的形状、角度常受流行影响，其流行的基本形式有：角度较大而宽的船头型；小角度圆角型，两端有明线；方角型，两端明线或明线型贴袋。口袋的宽窄、位置的高低都影响到了服装的比例美和装饰美。口袋从结构上可分为贴袋、挖袋、插袋；口袋的造型大致可分为直插袋、斜插袋、平插袋、明贴袋，单开线、双开线，还有加袋盖的样式等（图5-31~图5-36）。

图5-31 这款皮质女外套借鉴了男士军装的具体形式，明贴袋的设计使其尽显粗犷而潇洒的气质

图5-32 单开线的直插袋设计在女装外套中被经常采用，已成为一种程式化设计

图5-33 双开线的直插袋设计多用于较为宽松的女上装，这样可使两条开线始终处于合并状态

图5-34 单开线加袋盖的口袋多用于女士休闲套装

图5-35 双开线加袋盖的口袋源于男士套装模式，现多用于女职业装的口袋设计中

图5-36 男装上身的手巾袋的形状、角度常受流行影响

二、口袋设计应用

服装口袋的设计应用要从口袋的功能性、装饰性、工艺性、结构性入手，切勿出现无病呻吟和画蛇添足式的设计。口袋的形状、大小、深浅、宽窄、位置的高低都是设计者考虑的基本问题（图5-37，图5-38）。

图5-37 这款夏奈尔套装采用伸缩性很好的纯天然材料，这样可使圆角明贴袋的工艺得到很好的展现

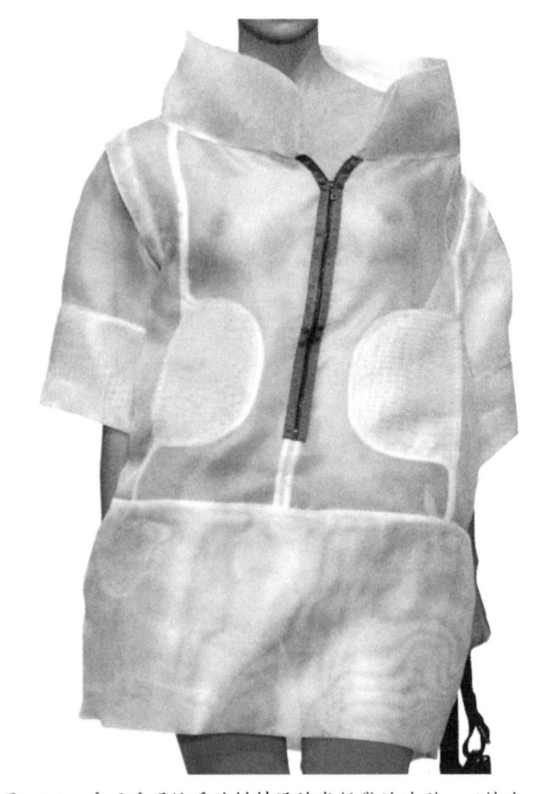

图5-38 采用透明纱质的材料设计成插袋的造型，巧妙地使内部口袋布成为外部款式的一部分

第五节 闭合方式的设计原理与应用

一、闭合方式的设计原理

闭合方式多指服装门襟的设计手法，门襟处于服装的正面，人们欣赏服装时，门襟是通常的视觉中心，设计除新颖美观外，还要以穿脱方便和布局合理为原则。门襟的种类大致包括：明门襟、暗门襟、斜门襟、对门襟等。它决定了服装的穿脱方式，影响到领型的变化。门襟的宽度设计还决定了服装纽扣的粒数，以套装的前门襟为例，有单排一粒、二粒和三粒扣的形式；双排扣有四粒和六粒扣的变化，显然前者的设计是追求一种自然实用的风格，而且纽扣数量的差异也体现了不同的趣味感；后者的流行则是对历史、传统的追溯和怀念（图5-39~图5-43）。

二、闭合方式的设计应用

服装闭合方式的设计要看外部造型和局部造型的处理是否得当，有否新意等等。服装的闭合造型不会孤立，要与服装的色彩、材料、流行等因素联系起来考虑（图5-44）。

图5-39

图5-40

图5-41

图5-39 单排两粒扣、明门襟的女套装被公认为女士必备的正式服装
图5-40 双排粒、明门襟的女风衣式外套，具备很好的实用保暖功能。同时，披肩的样式既复古又时尚
图5-41 倾斜的暗门襟设计为这款女装前胸的中国结装饰提供了很好的空间，使其圆满实现了成双成对的吉祥寓意

图5-42

图5-43

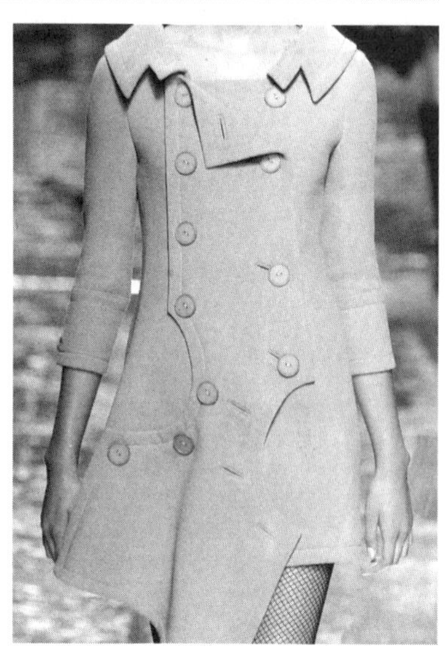

图5-44

图5-42 斜门襟的设计使这款女上装更加修身而合体，不经意间流露出一种异国情调
图5-43 对门襟上装的款式造型，借鉴了东方传统服饰闭合方式的设计
图5-44 不对称的门襟闭合造型新颖别致，具有后现代艺术风格中的解构主义特征

第六节 服装装饰的设计原理与应用

一、服装装饰的设计原理

服装装饰的设计原理和特性在于要将它的实用功能与审美功能统一。首先，饰体性是指服装装饰要契合着装者的体态特性。服装的一个最基本的功能就是包裹人体，作为其装饰，人体的结构、形态、部

位和活动特点等因素，都对服装装饰设计与表现形式有至关重要的影响。服装装饰与人体往往是相互作用的，装饰可提醒、夸张或掩盖人体部位结构特点，表现个人气质和性格，人体的结构又可使服装装饰更加醒目、生动，富有意趣和魅力。其次，服装装饰不能停留于平面上的完美，其动态性也至关重要，动态性是服装装饰随同服装展示状态的变动而呈现的特性，着装者运动时，作为服装的一部分而依附人体的服装装饰也相应地处在运动之中，它向观者展示了一种不断变化的动态美；再次是它的多义性，多义性是服装装饰配合服饰的多重价值。一般地说，服饰除具有基本的蔽体和美化价值外，还综合体现着追逐时尚、表现个性、隐喻人格、标示地位等多样价值要求，因此服装装饰不仅是服装的美化形式，而且也是表现其多重价值的重要手段（图5-45~图5-51）。

图5-45

图5-46

图5-47

图5-45　作为装饰形式的图案，当然毫不例外地与人体有着紧密的关系，因此，图案不能停留于平面上的完美
图5-56　立体装饰具有随同服装展示状态的变动而变化的特性，它向观者展示了一种不断变化的动态美
图5-47　点状装饰具备了集中、醒目、活泼等等一系列“点”所具有的特征

图5-48

图5-49

图5-48　线状装饰是以相对细长的图案呈现于服饰边缘或某一局部的，线的出现往往会勾勒或加强服装平面的外轮廓
图5-49　面状装饰是以纹样铺满整体的形式呈现于服饰上的，“面”具有幅度感和张力感的特点

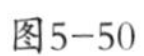

图5-50

图5-51

图5-50 这款以印染为装饰手段的服装，力求得到观者心理和视觉上的愉悦，这也是服装装饰产生的因素之一
图5-51 刺绣装饰除了具有美化作用外，还综合体现着追逐时尚、表现个性、标示地位等多样价值要求

二、服装装饰的设计应用

服装装饰在应用设计的过程中有着一系列应该深入思考、反复推敲的问题。要使装饰与服装完美地结合并非易事，它需要大胆创造、悉心处理，也需要足够的经验积累及对一些基本要领的把握。设计服装装饰的要领可归纳为五点，即适应功能、统一风格、贴合款式、契合结构、恰当定位。

服装装饰的设计应用可分为平面装饰、立体装饰、点状装饰、线状装饰、面状装饰、印染装饰、刺绣装饰、领部装饰、袖口装饰、前襟装饰等等（图5-52~图5-54）。

图5-52

图5-53

图5-54

图5-52 领口用面料堆砌的装饰设计要将工艺表现、所用材料、工艺手段结合起来综合考虑，技巧性很强，形式也十分丰富
图5-53 将袖口的局部装饰与整体装饰相结合，最终形成了丰富、多变、华丽的效果
图5-54 这款注重前襟装饰的套装在设计及完成的过程中，其工艺表现也是一个重要环节

【经典服装设计案例】

1. 加布里埃尔·夏奈尔（CABRIELLE CHANEL）品牌介绍

夏奈尔品牌女装在1913年诞生于法国南部的海滨度假胜地——杜维尔，设计师加布里埃尔·夏奈尔（CABRIELLE CHANEL）一生坚持“创作风格高于一切”的设计理念。她的名言是：时尚将随时间而逝，但风格是永存的。她主张造型简洁、色彩单纯、实用性强的服装，是她使时装设计艺术真正迈入了20世纪。

2. 品牌经典款式及风格

20世纪30年代，服装设计领域出现了前所未有的男性化设计趋势，从1920年到世界经济大衰退开始的1929年，这10年，人们称为“咆哮的年代”。叛逆、奢侈、混乱和探索是这个时期的特点。这一时期最为重要的时装设计师应首推加布里埃尔·夏奈尔。夏奈尔在时装设计领域的重大贡献是大胆的改变了时装设计的观念，把时装设计以男性的眼光为中心的设计立场改变为以女性自己的舒适和美观为中心的设计观，从而使时装设计能够更好地为使用者服务。女性服装表现了自信和自强，而不再成为男性的附庸，这是一个革命化的变革。夏奈尔设计的男式化女套裙，风靡整个欧洲，被称为“夏奈尔套装”。这款至今仍在时装流行行列中的标志性套装样式简洁高雅，对于细节的处理一丝不苟，圆领口的设计在中性化的外观下又显露出女性的娇柔；明贴袋的设计更显其工艺的精湛；纤细的袖口采用男装化的袖扣装饰，既干练又精致；对襟的设计使这款套装的穿着和搭配都十分宽泛和随意；套装的镶边装饰使其洒脱的中性风格尽显其中。夏奈尔还十分注重配饰在整体服装设计上的效果，她是第一个把饰品的装饰作用提到首位的设计师，她用人造宝石进行装饰，设计了大量具有国际影响的装饰首饰。她指出，首饰的价值并不在于材料的贵贱，而是在于其设计是否精巧别致。1920年，夏奈尔还成功推出了自己的“夏奈尔5号”香水，它那适合各种情境的香味和令人耳目一新的感受，是让人终身难忘的，从而也使得夏奈尔的时尚帝国又增添了无尽的神秘与浪漫色彩（图5-55~图5-59）。

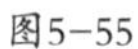

图5-55

图5-56

图5-57

图5-55 夏奈尔本人所拥有的非凡气质使得她最完美地演绎了她自己的服装造型和品牌风格
图5-56 风靡整个欧洲的“夏奈尔套装”，一直以来都是所有女人的美丽梦想
图5-57 黑色与白色是“夏奈尔套装”的经典搭配，用以装饰的山茶花造型胸针也成为夏奈尔品牌的标志

图5-58 “夏奈尔套装”是一款造型简洁、色彩单纯、实用性强的服装

图5-59 夏奈尔所设计的洋溢着斯拉夫情调的装饰首饰

3. 品牌现任设计师与品牌现状

夏奈尔品牌女装的现任设计师为卡尔·拉格菲尔德（Karl·Lagerfeld）。最初他是为法国的芬迪（FENDI）和意大利的柯罗耶（CHLOE）两家著名时装品牌店工作的。由于卡尔·拉格菲尔德从小生活在优越的家庭环境中，因此具备了良好的个人品味，又加上他非常喜爱艺术、文学、历史、音乐、建筑等，所以他的设计风格新颖别致、高雅大方。但他的最大成就还在于保持并振兴了夏奈尔这一著名的时尚品牌。对于很多人来讲，夏奈尔时装已经成为历史，是过去的设计了，也不可能再成为时尚的宠儿。在1983年，卡尔·拉格菲尔德受聘于夏奈尔公司后，他看到了这一品牌所具有的符合现代女性需求的时尚因素，他便通过自己的设计将其发扬光大，并再创了夏奈尔时装的新高潮，使这个品牌变得更年轻、更现代，使得时装界重新掀起一股夏奈尔热（图5-60~图5-63）。

图5-60 卡尔·拉格菲尔德使夏奈尔品牌变得更高雅、更年轻、更现代，时装界由此重新掀起一股夏奈尔热

图5-61 新颖别致、高贵脱俗的设计款式，延续并振兴了夏奈尔这一著名的时尚品牌

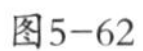

图5-62

图5-63

图5-62 传统夏奈尔套装搭配超短皮裙和长筒皮靴，使这个经典品牌变得更活泼、更前卫、更时尚

图5-63 时至今日，夏奈尔5号香水仍居世界香水销售前列，它的新一任代言人是年青的好莱坞影星、前世界花样跳水冠军埃斯黛拉，她为这一经典品牌注入了新鲜与活力

设计项目课堂实训

◎ 项目案例

以现代服饰为载体进行各服装细节的分类设计，注重其款式的适应功能、形式美感，细节设计与整体服饰要统一风格，细节设计造型要契合服装结构，细节设计形式要恰当定位。

◎ 设计要求

1. ① 领型设计，包含5种基本结构（立领、领口领、企领、扁领、翻折领）

各结构类型设计8款，共40款。

② 口袋设计，包含（帖袋、挖袋、插袋、单开线、双开线）共36款。

③ 袖子设计，包含（袖窿、袖身、袖型、袖口设计）共20款。

2. 设计一个系列（3~5套）成衣时装。

① 设计作品需包含服装装饰设计形式。

② 作品应将细节设计与具体款式相结合，并能够突出服装的装饰设计。作品定位准确，结构合理，具有可实现性，创作手法不限。

第一步：学生根据第一项设计要求进行细节分类设计，大量勾画服装款式细节的结构图，要求比例准确，结构合理，款式新颖（图5-64~图5-75）。

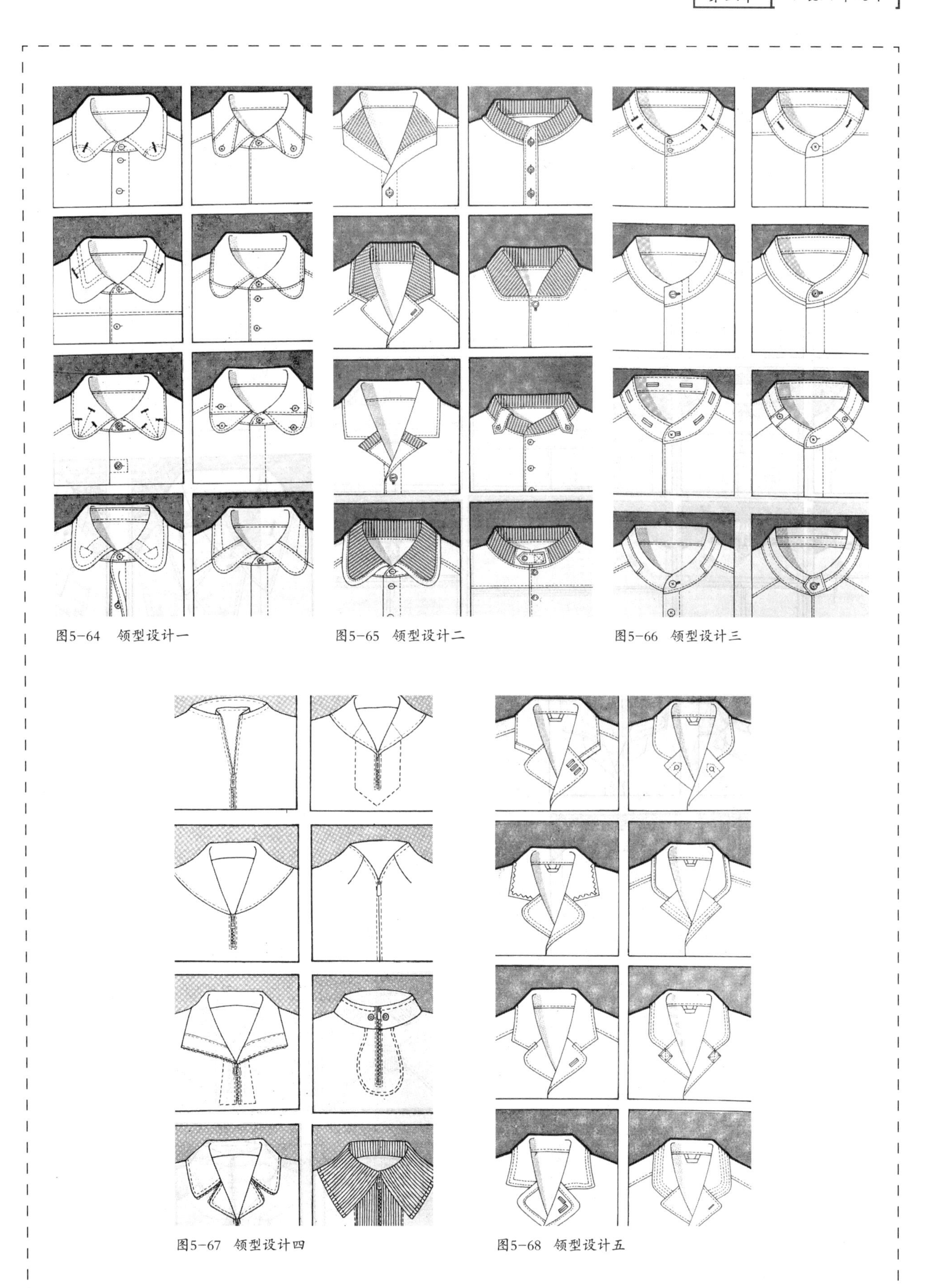

图5-64 领型设计一

图5-65 领型设计二

图5-66 领型设计三

图5-67 领型设计四

图5-68 领型设计五

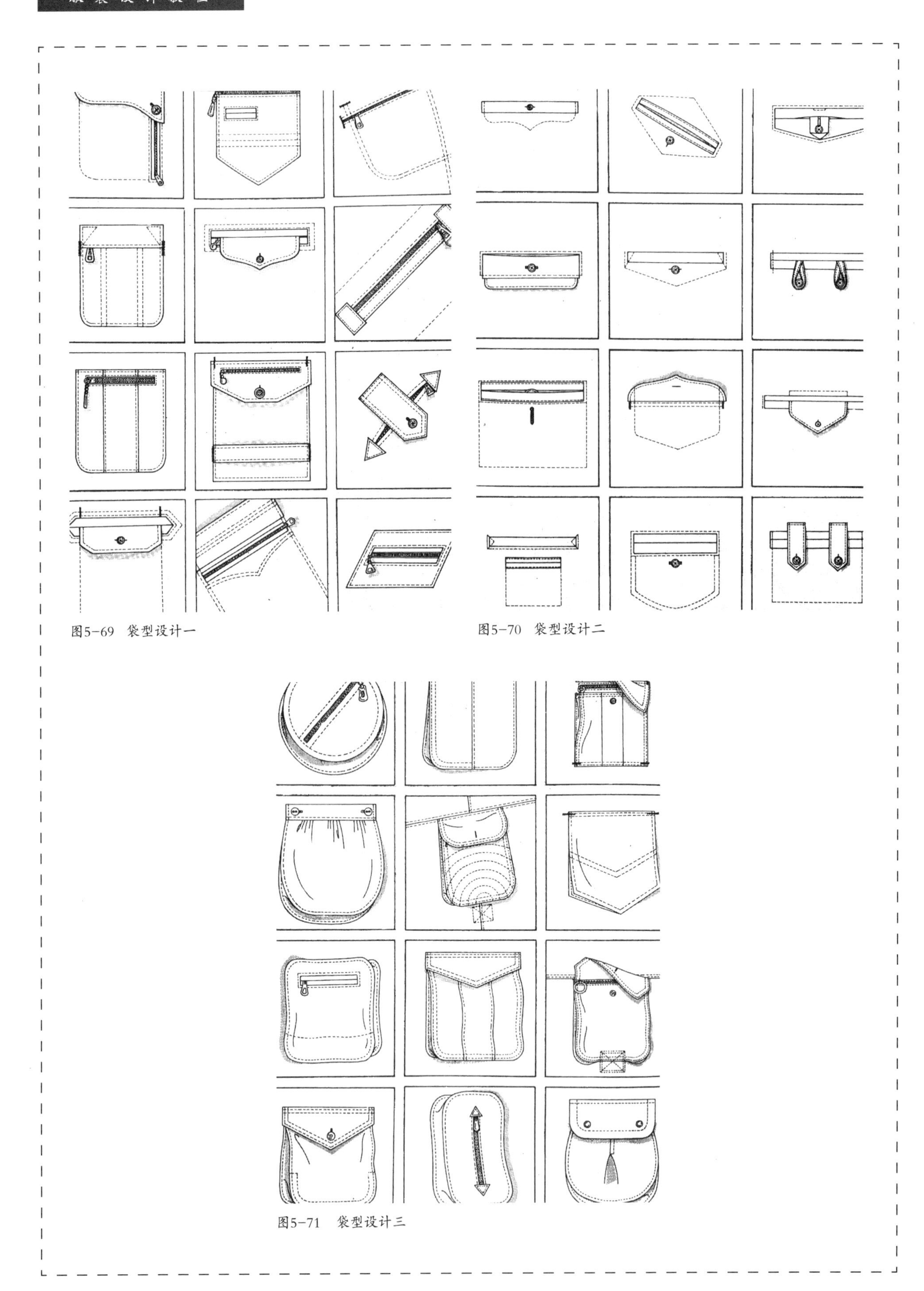

图5-69 袋型设计一

图5-70 袋型设计二

图5-71 袋型设计三

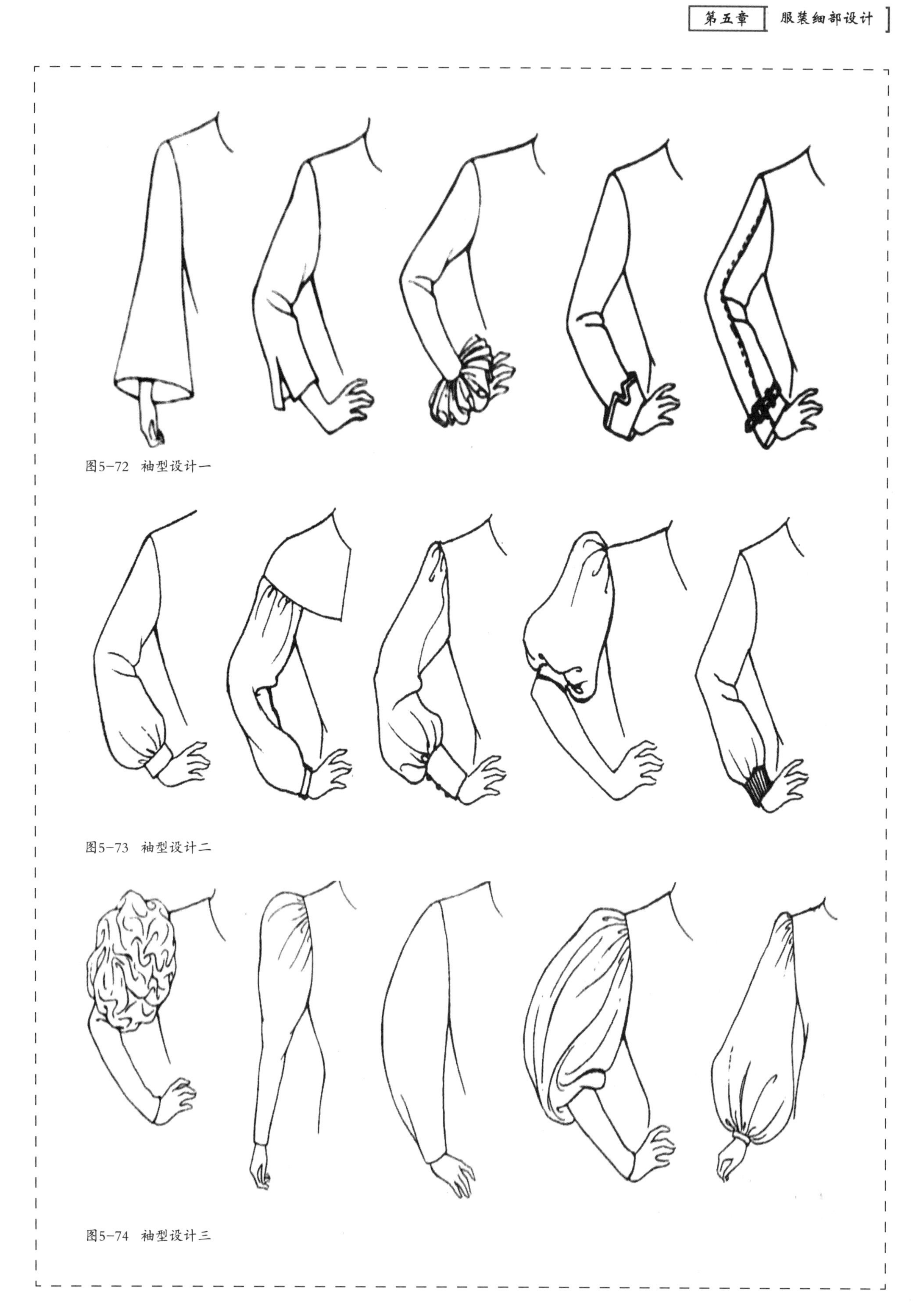

图5-72 袖型设计一

图5-73 袖型设计二

图5-74 袖型设计三

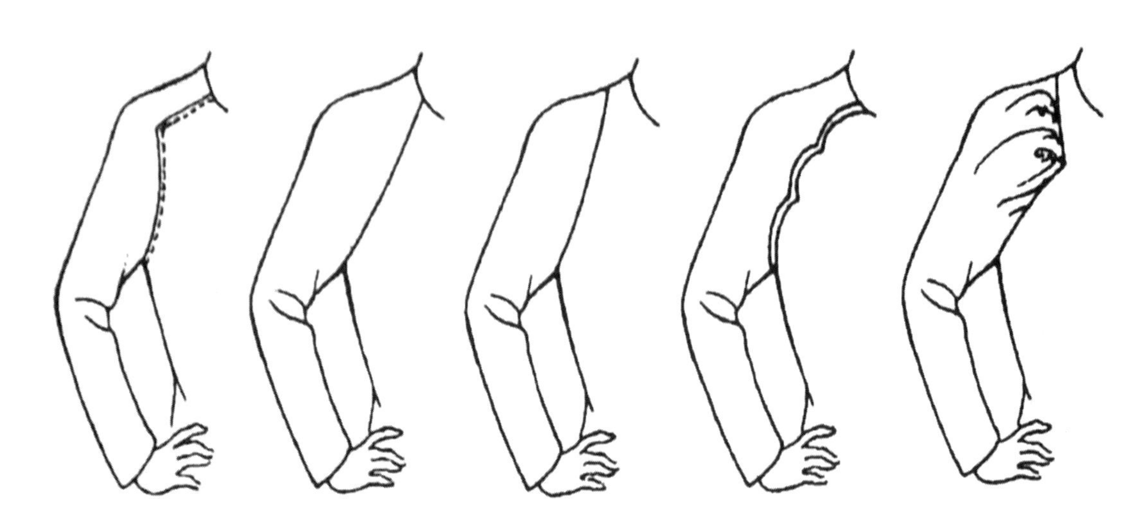

图5-75 袖型设计四

第二步：学生根据第二项设计要求进行市场调研，其内容包括：具体品牌时装的细节设计特点、服装的装饰形式及风格定位、装饰的工艺形式及材料的选择。

第三步：确定个人设计的灵感源并勾画设计结构图及款式图（图5-76）。

图5-76 服装结构图和款式图

第四步：设计服装的装饰图案，包括材质、颜色、风格等（图5-77~图5-79）。

第五步：服装初稿的款式设计及结构设计都较为合理，线条清晰明朗。但还欠缺人体着装后的效果表现。将具体款式附着在人形模特上，出现较为真实的着装效果。并应继续调整服装的细节设计。

进行颜色上的完善，在领型、袖型、闭合方式、腰位及服装装饰等方面进一步完善，最终获得理想的设计成果（图5-80）。

图5-77 装饰图案设计一

图5-78 装饰图案设计二

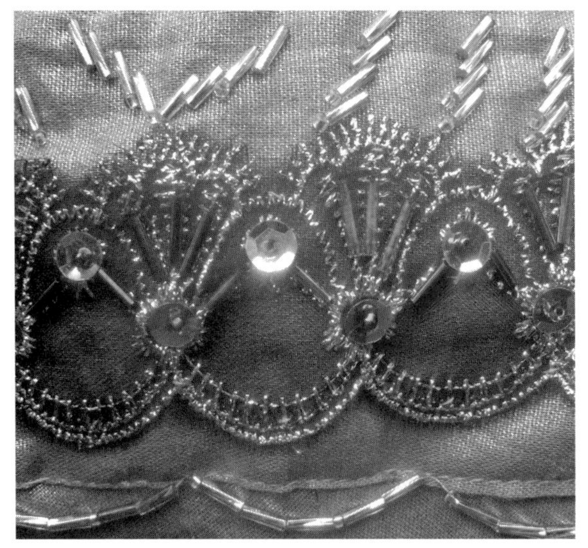

图5-79 装饰图案设计三

图5-80 设计图完成稿

优秀作业点评

1．设计大胆，裙装与裤装的造型比较新颖、夸张。成衣的时尚感很强，同时又充满了运动和生命的活力，轻快流畅的面料使服装的线条显示出形式的变幻美感，领型与袖式的设计又体现了丰富的趣味，从而也使作品变得动静有序，整体效果具有很强的感染力（图5-81）。

2．设计者运用构成分割法，通过线与面将服装划分为不同面积的时尚色块，同时将抽象图案与蒙特里安式的冷抽象艺术形式相结合，作品视觉效果单纯而强烈，领型设计与口袋的设计别出心裁，装饰感极强，风格明快鲜艳，醒目时尚（图5-82）。

图5-81 优秀设计作业一

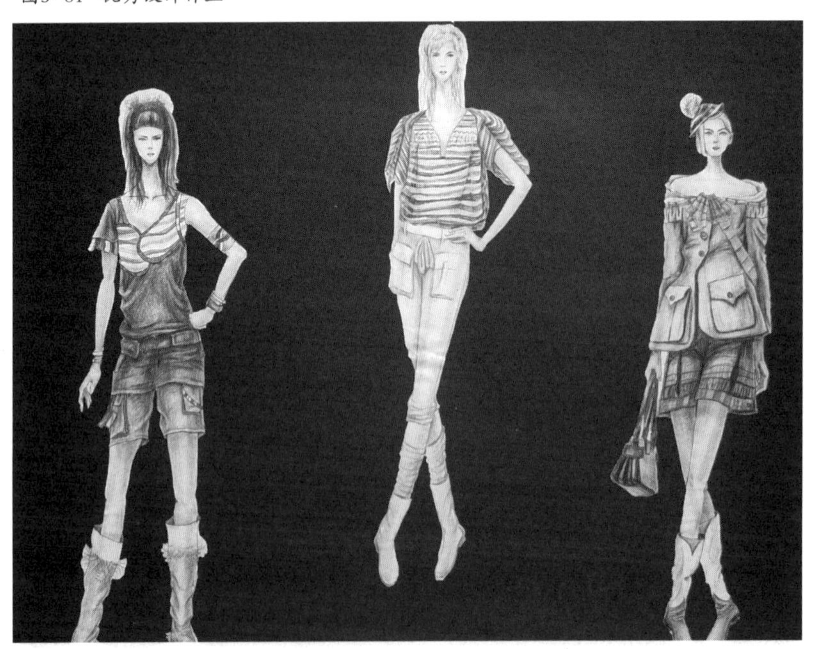

图5-82 优秀设计作业二

3．作品创意新颖，以军装作为设计灵感，视角独特，非常具有艺术个性。在造型手法上，作者很好地对设计元素进行选择、提炼、加工、改造，通过解构具体的款式将口袋、腰位等细节设计进行组合穿插。并运用充满原始野性气息的艺术语言，组织出契合现代生活潮流的服饰结构（图5-83）。

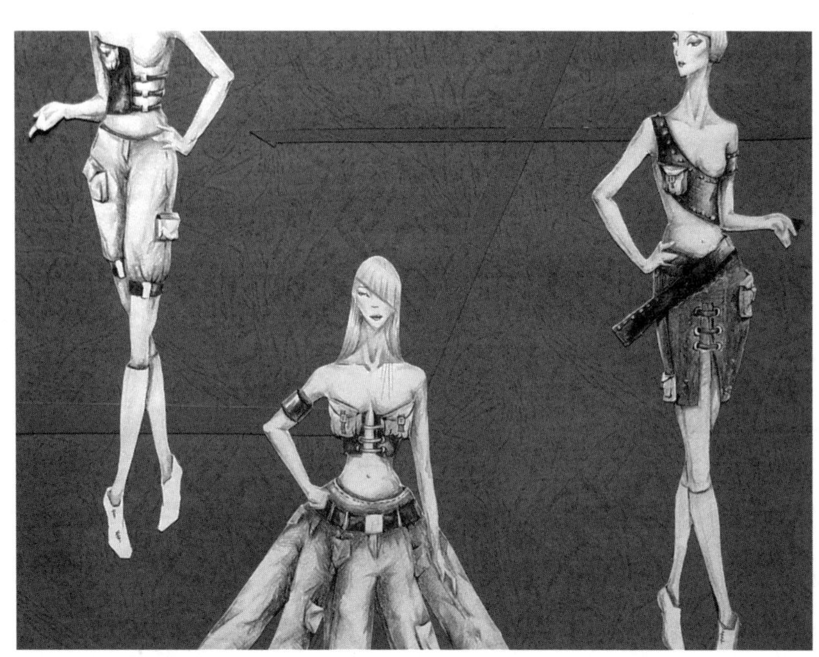

图5-83 优秀设计作业三

思考与练习

服装的细节设计与服装整体风格该如何相互协调统一？

6 从创意到成品——服装设计的流程(全过程展示)

服装设计的全过程主要可以分为调研阶段、草稿设计阶段、服装效果图定稿阶段、成衣制作阶段四部分。

调研环节是最容易被人误解的环节，也最容易被人忽视，调研环节犹如登山者起始的第一站，它的成果决定了你前进的方向是否正确，决定了你是否站在巨人的肩膀上前行。

调研是服装设计之始，是服装设计的基础、必备环节，这一环节的完成质量直接影响着设计作品的时尚性、市场性、设计深度和美感等。调研内容通常包括市场调研和文献调研，调研途径可以是实地、网络、印刷文献、电子文献，等等。

调研资料的收集越丰富、越详尽、越多样越好，但好的调研结果更依赖于资料的整理和提炼，根据服装设计的需要将资料整理成系列主题版将更有利于我们应用，如市场分析版、色彩版、款式版、面料版、配饰版等。

市场调研结束后，设计师就可以进行草图设计了。服装设计是集艺术与技术为一体的脑力劳动。在设计之初到本阶段结束，设计师的思维都应是异常活跃和丰富的，充满了跳跃、联想、逆向的思维流，所以不可能，也不应该只设计一种特点的系列服装草稿，“多系列、松散的、不符合常规的、矛盾的……”成为这一阶段设计草图的显著特征。在这一过程中，设计者应该时刻将纸和画笔备在手边，及时抓住每一个显现的灵感，并将其通过线条、文字等记录在纸上。

如果说草稿设计注重的是感性思维的记录，那么，接下来绘制服装效果图时就需要理性思维、感性思维共同作用，这一过程更像是对草图设计结果的梳理、提炼和升华。

服装设计的再好，也不能只停留在纸面上，成衣制作是对设计者综合能力的严峻考验，作为一个优秀的设计者，能够亲身完成或主导完成成衣的制作是非常必要的。成衣制作阶段包括服装结构设计、板型制作、样衣制作、样衣调整完善、成衣制作、饰品搭配等部分，最后，呈现给受众的是符合主题要求的、风格统一的、系列感强的、做工精致的多套真实系列服装和配套饰品。

【项目案例一】

童装设计（实际案例、成衣设计）

◎ 设计要求

1. 与CHICCO童装（意大利童装公司）合作，为其做一个低价位的副品牌。

2. 选择一个性别和年龄段（例如男幼童、女幼童（6个月~3岁），男童、女童（3岁~12岁）），为其设计春夏或秋冬的20件单品。

3. 设计作品包括副品牌LOGO及其应用、服装印花图案、工业生产图以及4个服装效果图。

4. 设计作品应充分考虑服装的市场性，兼顾创新性。

5. 作品应定位准确，紧扣主题，创作手法不限。

一、调研阶段

作者将女幼童的春夏装作为自己的设计对象，针对这一群体的特点进行了一系列的调查，并制作出了调查结果版，通过版面我们可以清楚的看出服装受众的形体特点、活动习惯、兴趣、现今市场情况等等（图6–1）。

图6–1 市场调研版

如果通过图片无法准确、全面的概括消费市场的情况，我们还可以撰写详细的市场调研报告，逐条分析消费心理、消费过程、消费者特点、消费市场等等。文字性的市场调研报告可以在行业内外有效的传递信息内容，即便对专业知识不甚了解的人来说，通过阅读文字性的材料也可以快速、全面、正确、深入的了解调研结果。另外，灵感源分析、色彩版、面料版等也可以归为调研结果。

灵感源分析：灵感源是决定设计创新性强弱的重要因素之一。对于市场的分析，只能是设计的基石，如何针对这一市场作出既符合消费者心理、生理需要又新颖别致的服装，灵感源的选取尤为重要。灵感源分析还常包括构成分析、色彩分析、图案分析、面料质地分析、款式分析等等（图6–2，图6–3）。

图6-2 主题版

图6-3 设计灵感源

色彩版：本设计以彩虹作为灵感源，所以根据消费者的特点，对彩虹的颜色进行提炼、演化，总结出服装设计所用的色彩版（图6-4）。

面料小样版：面料是服装构成要素之一，好的设计如果没有面料载体，也只能遗憾的停留在纸面上。从设计之初，设计者就应该对面料市场进行多次的实地调查，购买面料小样，针对面料特点改变、完善自己的设计，甚至有些好的设计是出自于实际面料给予的设计师的灵感（图6-5）。

图6-4 色彩版

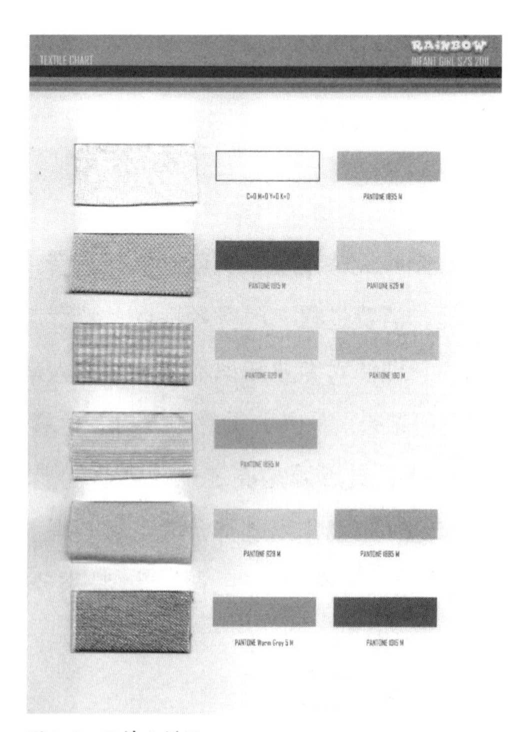

图6-5 面料小样版

二、设计阶段

为CHICCO童装设计一个低价位的副品牌，这一要求主要包含两层意思：一、与主品牌要有明确的联系——要延续原有主品牌的精神追求和一定的风格特点，二、与主品牌要有明确的区别——无论从制作上、设计上都要体现低价位副品牌特点。设计者将RAINBOW作为副品牌的标识，并将Logo进行了设计应用，例如标牌、购物袋和服装印花设计等等（图6-6～图6-16）。

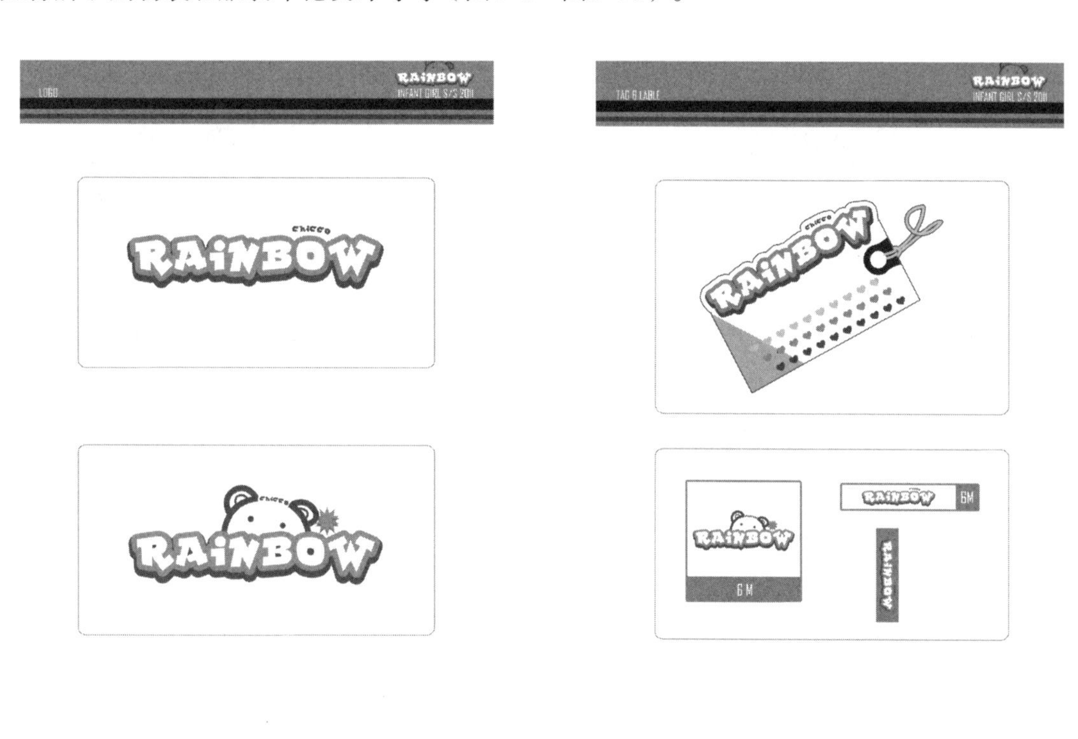

图6-6 标牌设计　　图6-7 标牌设计

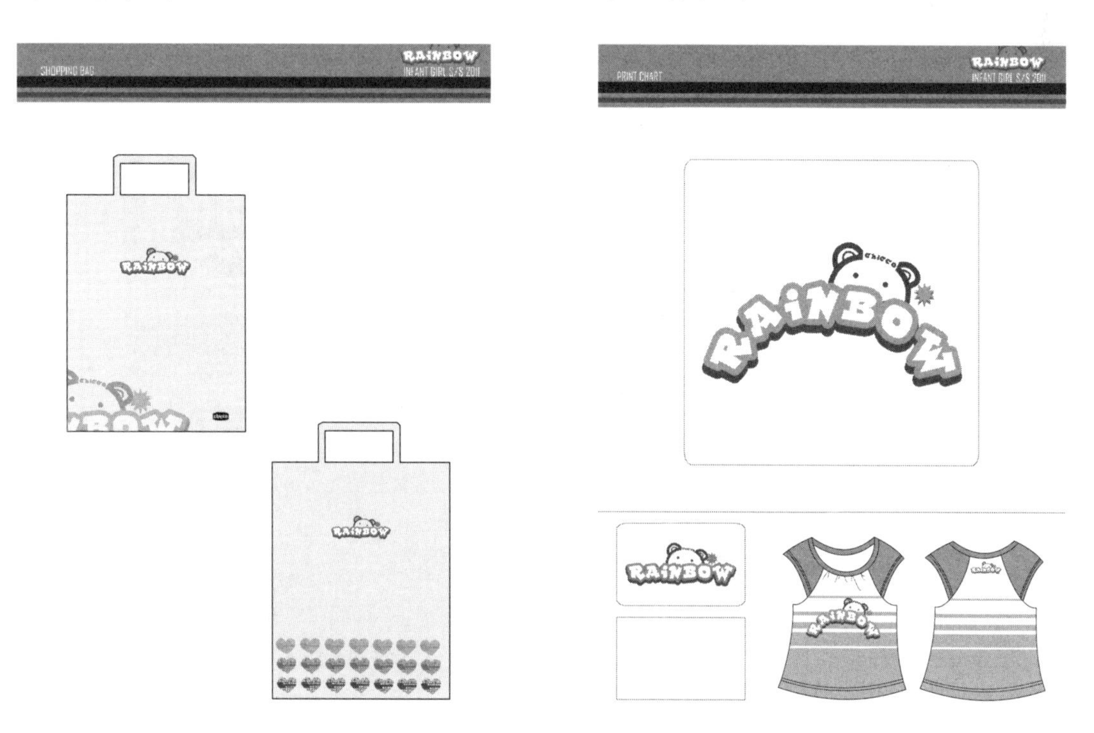

图6-8 提袋设计　　图6-9 印花图案设计

图6-10　印花图案设计

图6-11　印花图案设计

图6-12　印花图案设计

图6-13　印花图案设计

图6-14 印花图案设计

图6-15 印花图案设计

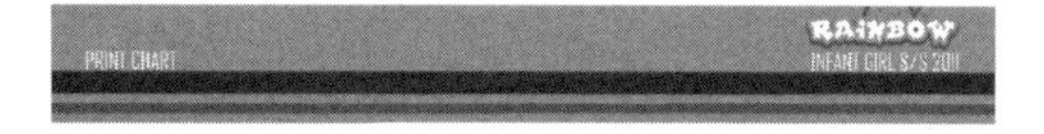

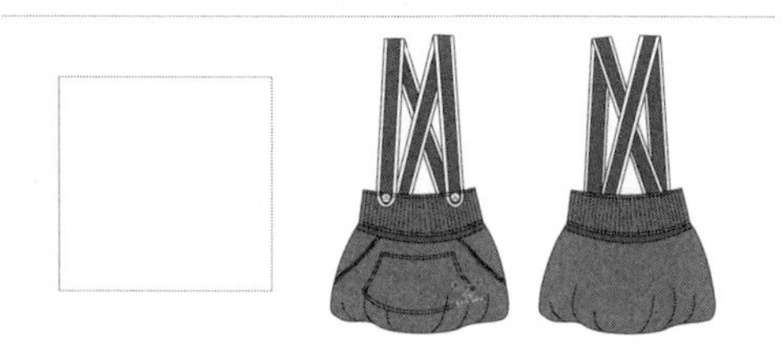

图6-16 印花图案设计

具有一定实力的服装公司都愿意向面料公司订购具有本公司特点（例如标识、花纹）的面料，从面料设计上来体现公司设计的独一无二性。如果仅仅将副标牌作为面料印花设计的元素，则显得设计过于浅显、单调，所以设计者根据设计灵感源，设计出了一系列的印花图案，方便服装生产应用（图6–17，图6–18）。

图6–17　印花图案拓展设计

图6–18　印花图案拓展设计

对于一个大批量成产成衣的服装公司来说，将设计构思通过生产图的形式绘制出来，这样更便于服装款式、结构的把握和理解，也便于样衣的制作及修改。在校学生为了适应市场的需要，应该投入大量时间练习绘制生产图，熟练、快速、准确、细致、大批量的绘制生产图，并将自己的设计想法通过生产图形式最大限度的表达出来。与时装效果图不同，绘制生产图时，应该真实、准确和有效的把握穿着者的身材比例和服装实际的廓型特点，并且将服装设计细节，比如印花、明线装饰、面料特点等等进行详细的标注或特殊绘制（图6–19 ~ 图6–42）。

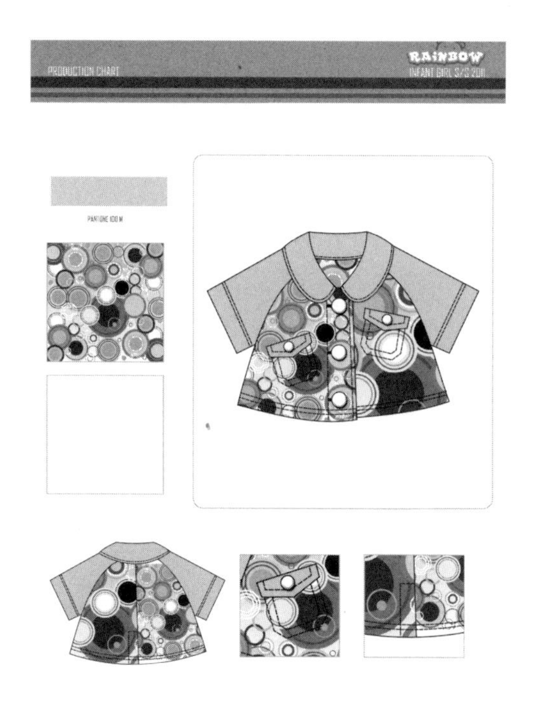

图6-19 印花图案设计与服装生产图

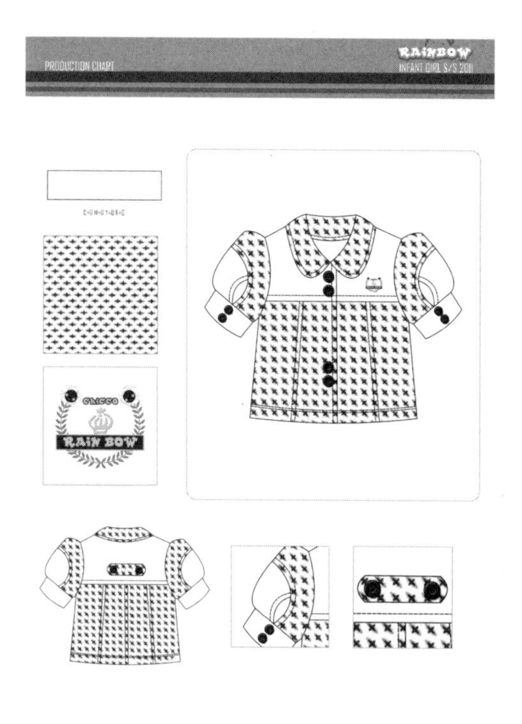

图6-20 印花图案设计与服装生产图

图6-21 印花图案设计与服装生产图

图6-22 印花图案设计与服装生产图

图6-23 印花图案设计与服装生产图

图6-24 印花图案设计与服装生产图

图6-25 印花图案设计与服装生产图

图6-26 印花图案设计与服装生产图

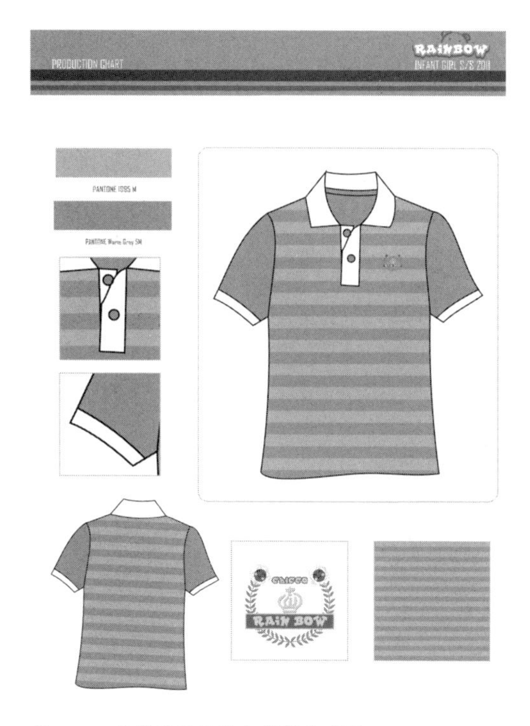

图6-27 印花图案设计与服装生产图

图6-28 印花图案设计与服装生产图

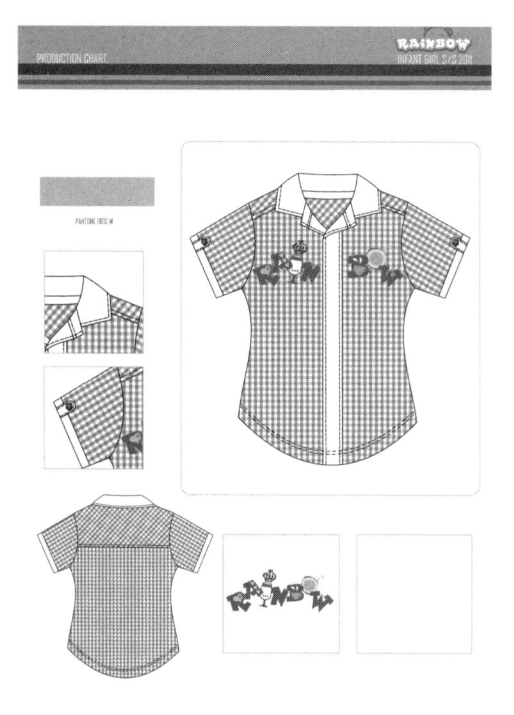

图6-29 印花图案设计与服装生产图

图6-30 印花图案设计与服装生产图

图6-31 印花图案设计与服装生产图

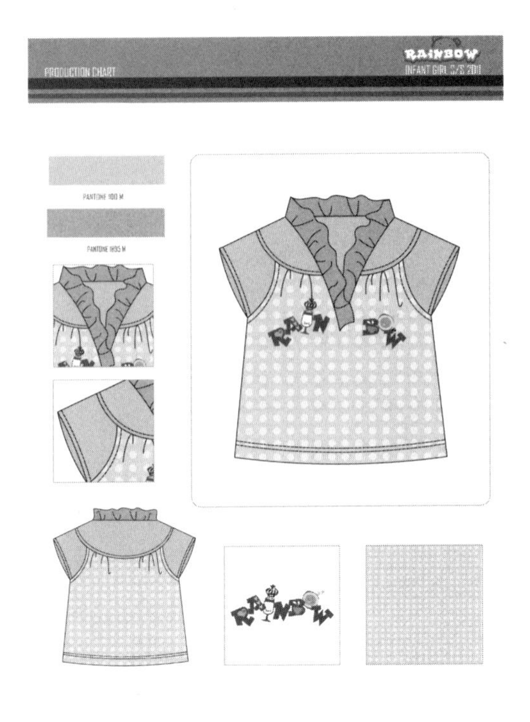

图6-32 印花图案设计与服装生产图

图6-33 印花图案设计与服装生产图

图6-34 印花图案设计与服装生产图

图6-35　印花图案设计与服装生产图

图6-36　印花图案设计与服装生产图

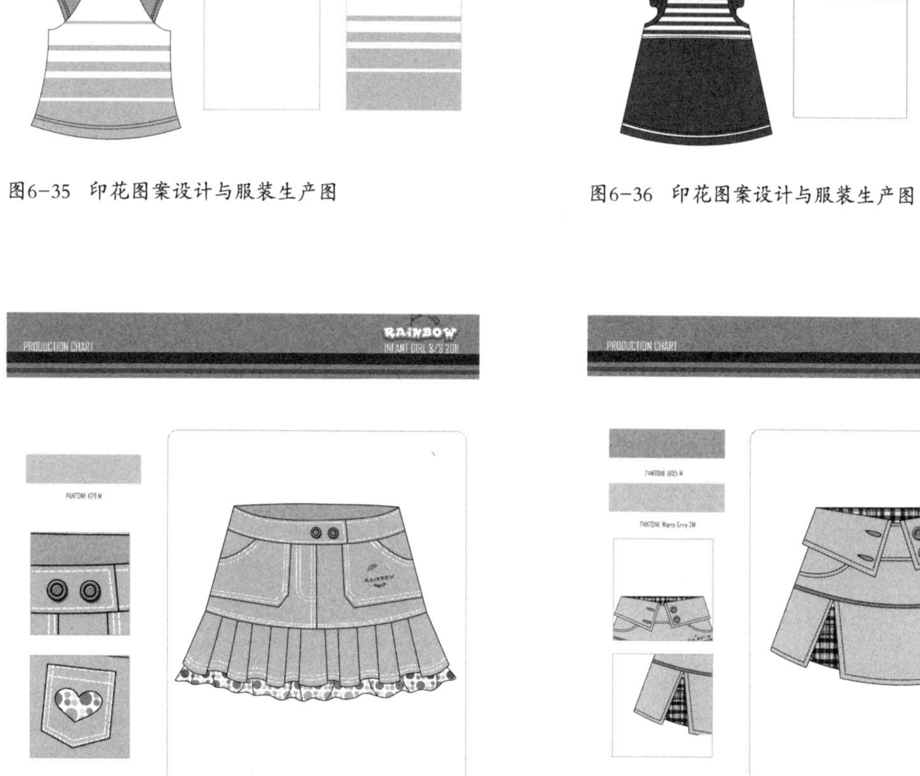

图6-37　印花图案设计与服装生产图

图6-38　印花图案设计与服装生产图

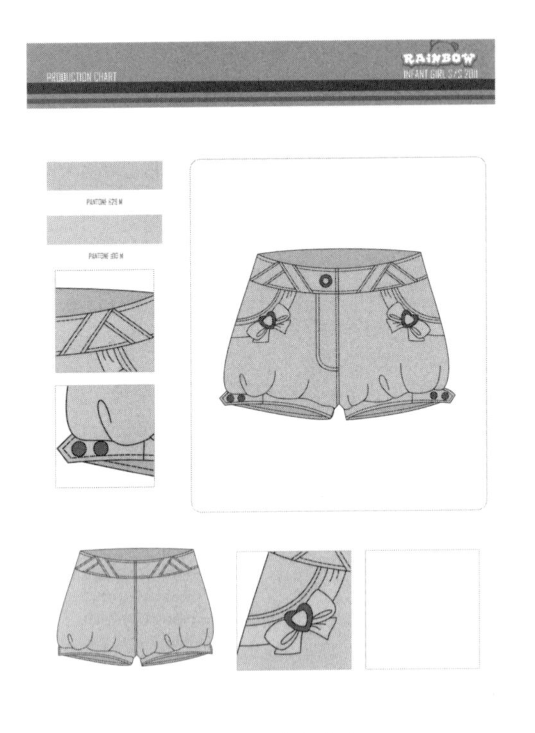

图6-39 印花图案设计与服装生产图

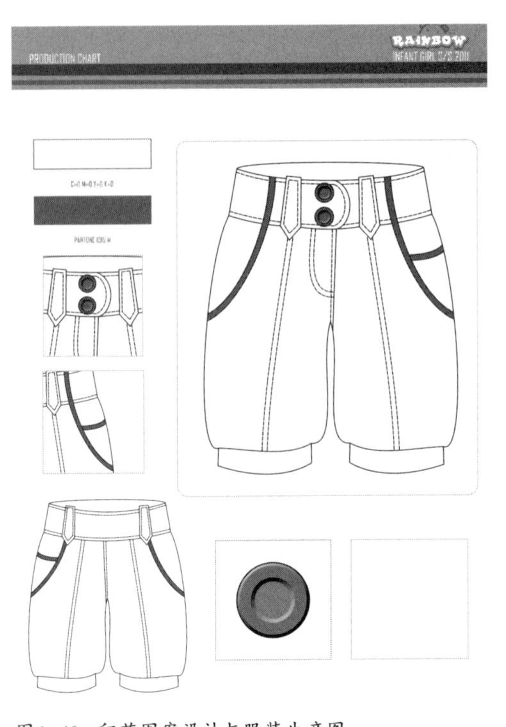

图6-40 印花图案设计与服装生产图

图6-41 印花图案设计与服装生产图

图6-42 印花图案设计与服装生产图

最后完成的是四套完整服装的设计效果图。将款式图、细节设计、灵感源及设计应用与服装效果图设计在一个版面，可以加强观看者对于整个设计的感受和理解（图6-43）。

图6-43 设计效果图

【项目案例二】

◎ 设计要求

选取某段历史时期的经典艺术形式为设计灵感源，剖析其风格特点及成因、影响等，并结合当下最新的服装流行趋势，进行现代服装系列设计。

1. 绘制四种不同风格系列服装设计草图，每系列包括3～5套成衣时装

2. 设计作品应包括服装、头饰、化妆、配饰等设计

3. 设计作品应充分考虑服装的市场性，兼顾创新性

4. 作品应定位准确，紧扣主题，创作手法不限

一、调研阶段

此设计实践项目是大学本科学生的毕业设计实际案例，学生从收集资料到绘制草图，直至制作成衣、协助完成时装动态展示，整个过程体现了大学四年的知识学习、积累和运用能力，是一次难得的设计实践尝试。这位同学选取的是西欧中世纪的建筑艺术作为灵感源，探寻建筑与服装之间的密切关系，切合主题，且为自己的设计提供了广阔的发挥空间。进行专题设计时，选择独特而又不偏激的视角非常重要，太传统的想法、过于熟烂的角度不容易产生新颖的作品，而太过古怪、偏激的视角又为设计过程制造了不必要的障碍，结果也不易被人认可（图6-44，图6-45）。

Trends women's swear Spring/Summer 2010-2011

天津工业大学2010届本科生毕业设计纸上作业

Institute of Art & Fashion Tianjin Polytechnic University

时尚·经典

——西欧中世纪服装结构的创新设计

姓名：骆延
班级：服设062
专业：艺术设计
学号：0610511202
指导教师：王学 杨丽娜
教师职称：教授 讲师

天津工业大学艺术与服装学院服饰艺术设计（2010届）本科——毕业设计纸上作业

图6-44 设计说明书封面

Trends women's swear Spring/Summer 2010-2011

《MOSAIC Rhapsody》——设计理念：西方建筑 面料肌理 东方哲学

MOSAIC

Rhapsody

本次设计的研究对象来源于西欧中世纪的建筑领域，建筑感的服装轮廓线和建筑材料肌理感面料是本次设计的重点。服装材料的肌理效果可以使服装达到一种整体的建筑美感。服装表面的组织纹理结构，各种纵横交错、高低不平、粗糙平滑等的纹理变化，是表达人们对设计物表面纹理特征的感受，肌理又被称作是一种视觉质感，能加强形象的作用与感染力。通过对中世纪西欧建筑流派的研究，我取其精华，在结构款式上，采用西方纯立裁进行塑型。通过几何形体的组合，用斜线，曲线等构造服装的外轮廓线。运用加法的原则，捏褶，堆积，衬垫等手法，表现出服装很强的立体感。在装饰上运用中国苗族的银饰，使服装更具有东方的韵味，让东西方不同的哲学与美学观念下的不同的神气和韵味互补的体现。今天的女装造型设计上所要表现的时代气韵就是让民族精神融与世界精神，让古代精神融于未来精神。

天津工业大学艺术与服装学院服饰艺术设计（2010届）本科——毕业设计纸上作业

图6-45 设计灵感源说明

确定了主题，犹如树立了旗帜，方向明确了，才能更高效地完成资料的收集、整理、消化吸收，西欧的建筑艺术既经典又充满神秘色彩，所有的项目提案——色彩提案、廓型提案、面料提案、结构提案等都围绕着西欧的建筑艺术这一中心，为后期的设计清晰的整理出一套完整、应用性强的设计资料（图6-46～图6-50）。

Trends women's swear Spring/Summer 2010-2011

《MOSAIC Rhapsody》——主题叙述：建筑感 几何廓形 马赛克

设计作品名为《马赛克狂想曲》，缪斯女神源于西班牙建筑大师高迪的作品《古埃尔公园》，高迪在建筑中运用玻璃、陶瓷、马赛克等的拼贴装饰与彩绘等，吸收了哥特、伊斯兰教、新艺术等各家建筑的精华，但他又用自己的想象力将它们改造成为奇异无比的建筑结构。设计的重点在于用几何线条勾勒出服装的外轮廓线，并使用类似建筑表面的仿马赛克面料。

天津工业大学艺术与服装学院服饰艺术设计（2010届）本科——毕业设计纸上作业

图6-46 设计主题版

Trends women's swear Spring/Summer 2010-2011

《MOSAIC Rhapsody》——色彩提案：中庸 古朴 沉静 平和

>>>>>>>FASHION TREND

设计色彩灵感来源于法德边境的小镇Eguisheim，而Eguisheim的历史则起源于欧洲中世纪，距今已有800多年的历史。走在小镇的街道上，各种时期建造城堡在夕阳下，映衬出不同色调的灰，整个古镇仿佛一幅暖灰色调的油画。也体现了中国传统的儒家思想，返朴归真，深沉内敛，人们开始追求中庸。色调稳重、沉静、素雅和平和。

天津工业大学艺术与服装学院服饰艺术设计（2010届）本科——毕业设计纸上作业

图6-47 色彩提案

Trends women's swear Spring/Summer 2010-2011

《MOSAIC Rhapsody》——面料提案：浮雕 凹凸 交织 立体

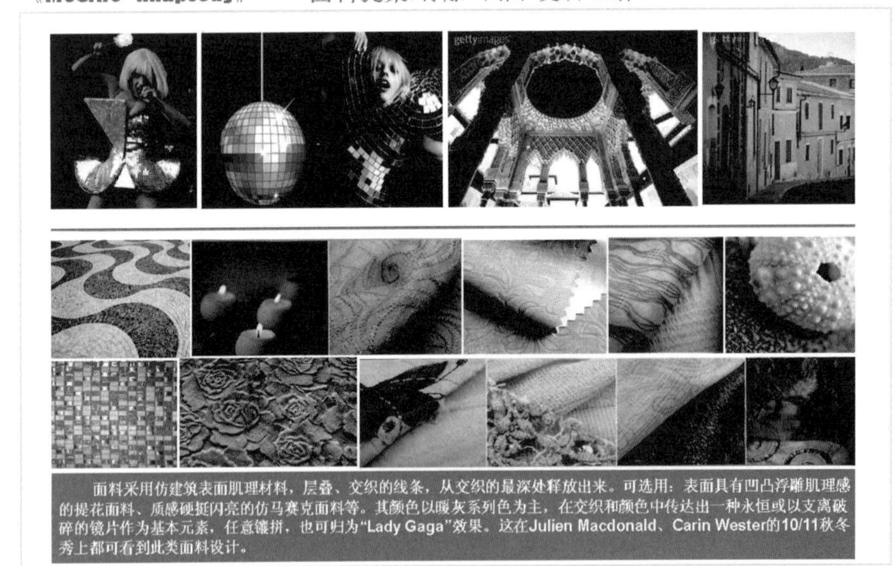

天津工业大学艺术与服装学院服饰艺术设计（2010届）本科——毕业设计纸上作业

图6-48 面料提案

Trends women's swear Spring/Summer 2010-2011

《MOSAIC Rhapsody》——结构特征：夸张 建筑廓形 体积感

结构上主要通过服装的各种几何廓形来表达体积感，用斜线，直线，曲线构造服装的外轮廓线。采用填充，捏褶，堆积等手法，加强服装的建筑元素。另外，新型面料的开发和使用也是体现建筑美感的重要元素。Alexander McQueen深邃的思想和精妙的塑型手法堪称绝伦，对面料的运用也达到巅峰。他的作品将会成为后世流传的典范，再次向这位逝去的天才致敬！

天津工业大学艺术与服装学院服饰艺术设计（2010届）本科——毕业设计纸上作业

图6-49 服装结构灵感源

Trends women's swear Spring/Summer 2010-2011

《MOSAIC Rhapsody》——妆容饰品(细节)：苗族银饰 马赛克多面体 镜面 折光

装饰运用中国苗族的银饰，妆容上挖掘东方的韵味，让东西方不同的哲学与美学观念下的不同的神气和韵味互补的体现。而Clarks最近也和设计师Franky Claeys合作，为Clarks的60周年庆定制了镜面装饰的经典靴子，正是采用了任意的镜片镶拼效果。

天津工业大学艺术与服装学院服饰艺术设计（2010届）本科——毕业设计纸上作业

图6-50 妆容饰品灵感源

二、设计阶段

草图一——《暗灭》通过单纯的面料、精确的结构、细腻的材质展示西欧中世纪的建筑风格。此系列设计的独特之处在于服装面料选用的是黑色的仿PVC材料——其表面光滑，有光泽，具有很好的反光性。但是，整个系列造型平淡，整体感不强，设计手法单调（图6-51）。

图6-51 设计草图一

草图二——《曲水流觞》的色调主要以雅典灰为主，面料使用挺括的薄呢子来造型，其特色在于通过大量的曲线形表达建筑旋转的美感，同时运用了不对称、中国式偏门襟等设计元素，但是，此系列服装的建筑感不够突出，不能明确照应主题，其次造型手法普通，整体缺乏新颖性（图6-52）。

草图三——《霓裳》系列与前两个系列相比，有明显的不同，它变单一、素色面料为不同材质、色彩的面料搭配组合，且廓型变化丰富，设计手法多样，但设计元素运用的还是不够灵活，节奏感也不强，重点不够突出（图6-53）。

Trends women's swear Spring/Summer 2010-2011

系列草图Ⅱ：时尚·经典 ——《曲水流觞》

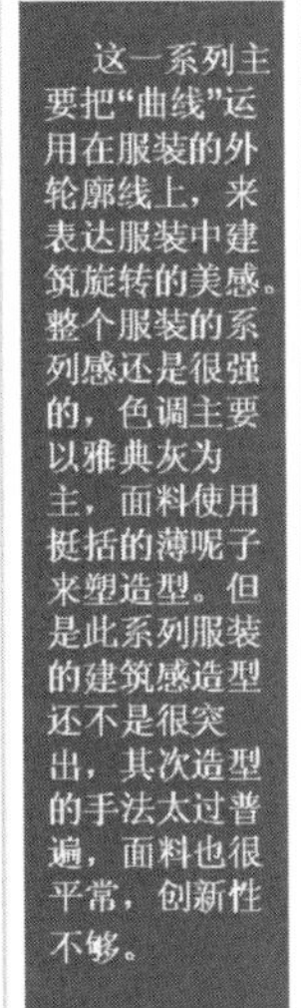

天津工业大学艺术与服装学院服饰艺术设计（2010届）本科——毕业设计纸上作业

图6-52 设计草图二

Trends women's swear Spring/Summer 2010-2011

系列草图Ⅲ：时尚·经典 ——《霓裳》

天津工业大学艺术与服装学院服饰艺术设计（2010届）本科——毕业设计纸上作业

图6-53 设计草图三

草图四——《马赛克狂想曲》系列充分体现了“服装建筑元素与面料肌理感的结合”这一设计主题，通过服装不同部位夸张的廓型、结构设计体现设计的新颖性和系列感。而马赛克质感的面料也为提升作品效果发挥了重要的作用——这种独特的面料使整个系列更具有建筑的美感（图6-54）。

Trends women's swear Spring/Summer 2010-2011

系列草图Ⅳ（最终效果图）：时尚·经典 ——《马赛克狂想曲》

本次设计以《马赛克狂想曲》最终设计稿，从整体上看，此稿比前三幅更为流畅，更富有节奏感。更能够体现出我所推崇的“服装建筑元素与面料肌理感的结合”对服装整体造型设计的重要性。为了体现建筑元素，我在本次设计中，更加强调了服装的外观廓形。

天津工业大学艺术与服装学院服饰艺术设计（2010届）本科——毕业设计纸上作业

图6-54 设计草图四

第三阶段：绘制样板、制作成衣阶段

好的设计不仅要有新颖的款式设计，更要有独到的结构处理。这个系列看似廓型简单，其中却蕴含着不少巧妙的结构设计。对于一个学生来说，能够将各种线、面、体塑造得流畅并富于美感是很不容易的，立体裁剪为塑造好的服装造型和结构提供了巨大的帮助（图6-55～图6-58）。

Trends women's swear Spring/Summer 2010-2011

结构纸样款式一：

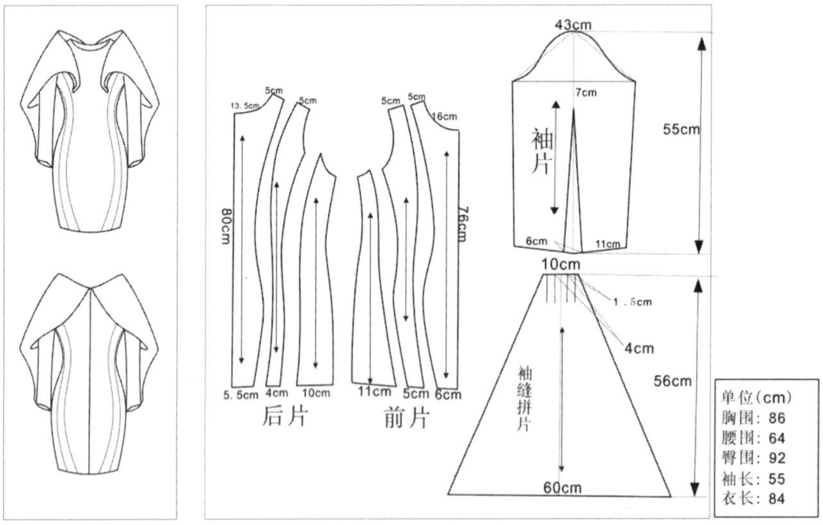

43cm 55cm 7cm 袖片 6cm 11cm 10cm 1.5cm 4cm 56cm 袖缝拼片 60cm

13.5cm 5cm 5cm 5cm 5cm 16cm 80cm 76cm 5.5cm 4cm 10cm 11cm 5cm 6cm 后片 前片

单位(cm)
胸围：86
腰围：64
臀围：92
袖长：55
衣长：84

天津工业大学艺术与服装学院服饰艺术设计（2010届）本科——毕业设计纸上作业

图6-55 服装结构图一

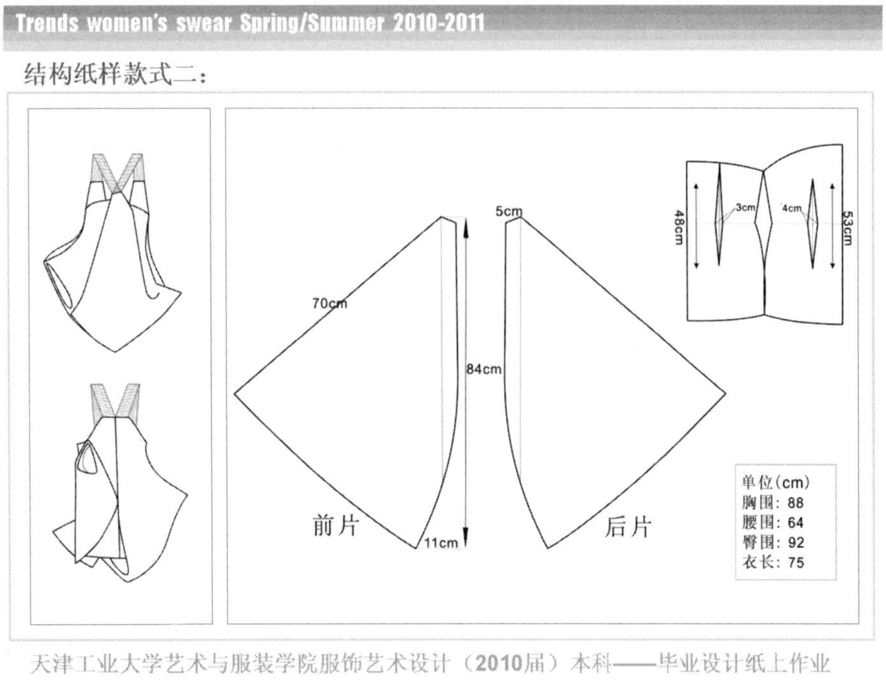
Trends women's swear Spring/Summer 2010-2011
结构纸样款式二：
5cm
70cm
84cm
11cm
前片
后片
48cm
3cm
4cm
53cm
单位(cm)
胸围：88
腰围：64
臀围：92
衣长：75
天津工业大学艺术与服装学院服饰艺术设计（2010届）本科——毕业设计纸上作业

图6-56 服装结构图二

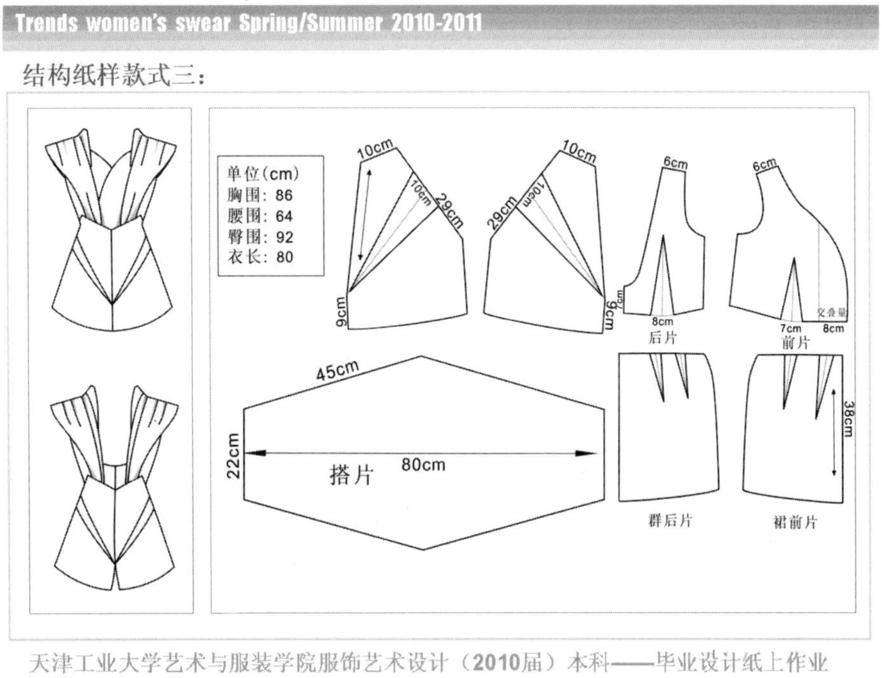
Trends women's swear Spring/Summer 2010-2011
结构纸样款式三：
单位(cm)
胸围：86
腰围：64
臀围：92
衣长：80
10cm
10cm
29cm
9cm
6cm
8cm
后片
7cm
前片
45cm
22cm
搭片
80cm
38cm
群后片
裙前片
天津工业大学艺术与服装学院服饰艺术设计（2010届）本科——毕业设计纸上作业

图6-57 服装结构图三

Trends women's swear Spring/Summer 2010-2011
结构纸样款式四：
10cm
10cm
41cm
10cm
7cm
17cm
17cm
8cm
10cm
80cm
24cm
22cm
24cm
24cm
60cm
袖衩 21cm
单位（cm）
胸围：86
腰围：64
臀围：92
袖长：60
10.5cm
43cm
袖片
两层面料
40cm
天津工业大学艺术与服装学院服饰艺术设计（2010届）本科——毕业设计纸上作业

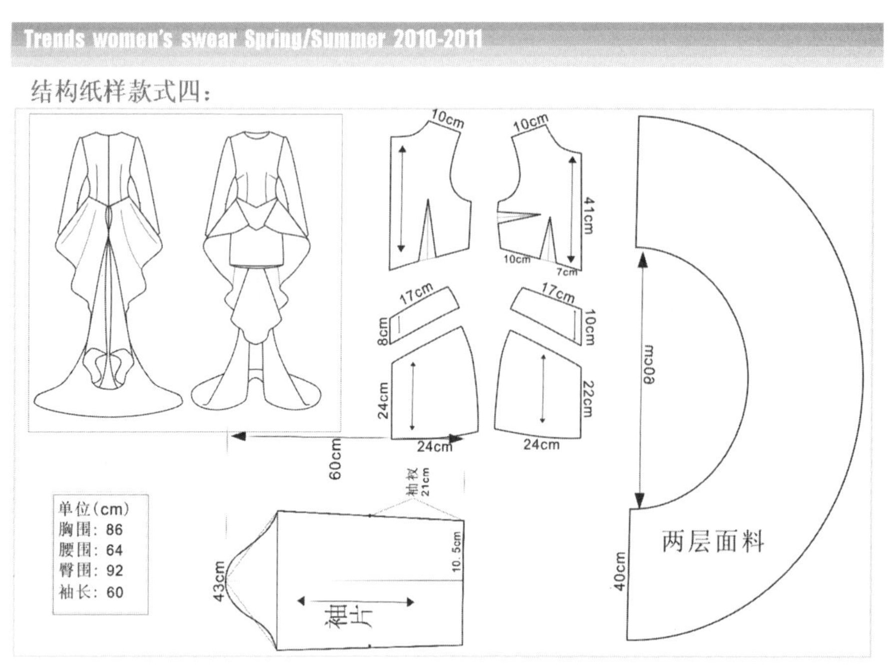

图6-58 服装结构图四

此外，此系列作品的完成度较高——对于一位经验尚浅的学生来说，设计构思、设计图和成衣之间的差距很小，说明学生对于设计手法、制作手法以及设计控制力的掌握都是很优秀的。（图6-59）

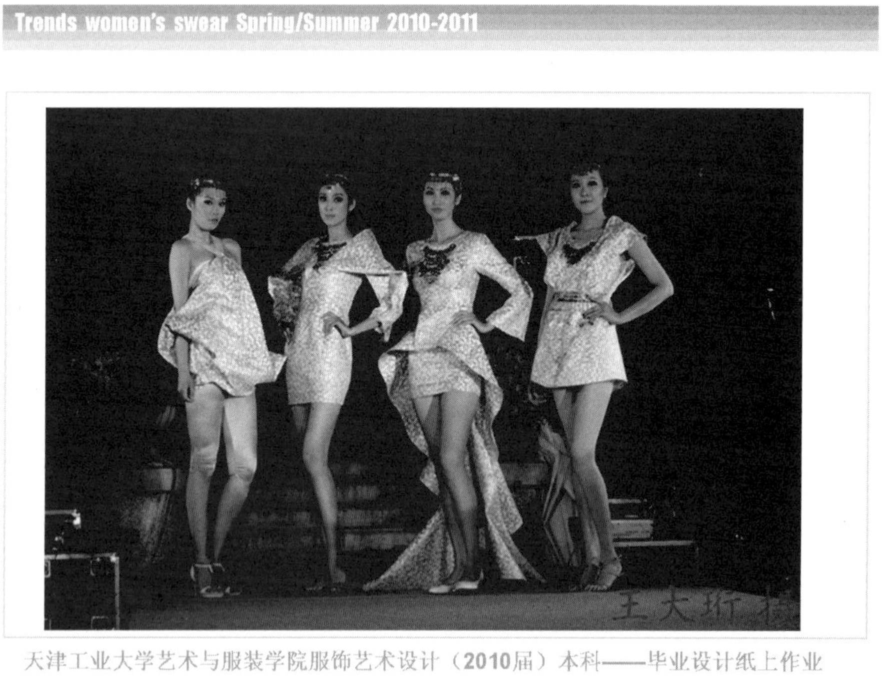

Trends women's swear Spring/Summer 2010-2011
天津工业大学艺术与服装学院服饰艺术设计（2010届）本科——毕业设计纸上作业

图6-59 服装成衣图

参考文献

[1] 周锡保. 中国古代服饰史. 北京：中国戏剧出版社，1996

[2] 刘晓刚. 时装设计艺术. 上海：东化大学出版社，1997

[3] 李当岐. 服装学概论. 北京：高等教育出版社，1998

[4] 孙世圃. 西洋服饰史教程. 北京：中国纺织出版社，2000

[5] 林之满，艾方中. 中国传世名画全集. 北京：线装书局出版社，2002

[6] 刘玉成. 中国人物名画鉴赏. 北京：九州出版社，2002

[7] 叶立诚. 中西服装史. 北京：中国纺织出版社，2002

[8] 袁利，赵明东著. 打破思维的界限：服装设计的创新与表现. 北京：中国纺织出版社，2005

[9] 卞向阳. 服装艺术判断. 上海：东华大学出版社，2006

[10] [英]巴斯科兰著，甄玉等译. 欧洲设计学院教程：世界现代设计图史. 广西：广西美术出版社，2007

[11] 王晓威. 服装设计风格鉴赏. 上海：东华大学出版社，2008

[12] [英]卓沃斯・斯宾塞等著，董雪丹译. 时装设计元素：款式与造型. 北京：中国纺织出版社，2009

[13] [英]希弗瑞特著，袁燕等译. 时装设计元素：调研与设计. 北京：中国纺织出版社，2009

[14] 刘晓刚，王俊，顾雯. 流程式・决策・应变：服装设计方法论. 北京：中国纺织出版社，2009

[15] [英]琼斯著，张翎译. 时装设计. 北京：中国纺织出版社，2009

[16] [英]杰妮・阿黛尔著，朱方龙译. 时装设计元素：面料与设计. 北京：中国纺织出版社，2010

[17] 张玲. 服装设计：美国课堂实录. 北京：中国纺织出版社，2011